Das Kreisdiagramm der Induktionsmotoren.

Von der

Technischen Hochschule zu Darmstadt

zur Erlangung der Würde eines

Doktor-Ingenieurs

genehmigte Dissertation.

Von

Dipl.-Ing. Karl Krug

aus Moskau.

Referent: Herr Geh.-Rat Prof. Dr. E. Kittler,
Korreferent: Herr Prof. A. Sengel.

Eingereicht am 8. Februar 1911.
Tag der mündlichen Prüfung: 17. Juli 1911.

Verlagsbuchhandlung Julius Springer in Berlin.

1911.

ISBN-13:978-3-642-89993-5   e-ISBN-13:978-3-642-91850-6
DOI: 10.1007/978-3-642-91850-6

Das Kreisdiagramm des mehrphasigen und einphasigen Motors ist in der Zeitschrift „Elektrotechnik und Maschinenbau", Wien 1910 und 1911, abgedruckt.

Inhalt.

Einleitung.

Das fast gleichzeitig von Heyland und Behrend veröffentlichte Kreisdiagramm zur Erläuterung der Arbeitsweise der Drehstrommotoren berücksichtigte die Eisen- und primären Kupferverluste nur näherungsweise. Unter richtiger Berücksichtigung dieser Verluste wurde das genaue Kreisdiagramm zuerst von Osanna aufgestellt und späterhin auch von anderen Autoren auf verschiedentlichen Wegen abgeleitet.

In den meisten dieser Arbeiten handelt es sich um eine Reduktion bzw. Veränderung des Heylandschen Kreisdiagramms, die dem primären Spannungsverluste ebenso wie den Eisenverlusten den Tatsachen entsprechend Rechnung trägt.

Originelle Beweise des genauen Kreisdiagramms, das auf das Problem des sogenannten allgemeinen Transformators oder des allgemeinen Wechselstromkreises zurückgeführt werden kann, sind unter anderen von Lehmann vermittelst der Vektorentheorie, von La Cour mit Hilfe der Inversion und von Petersen auf Grund des Superpositionsprinzips gegeben worden.

Im folgenden soll das Problem des allgemeinen Wechselstromkreises auf analytischem Wege unter Zuhilfenahme komplexer Ausdrücke gelöst werden. Diese Methode besteht darin, daß an Hand der Spannungs- und Stromdiagramme oder anderer Überlegungen Gleichungen aufgestellt werden, welche den Zusammenhang der einzelnen Vektoren darstellen. Alle diese Gleichungen werden auf eine Grundgleichung reduziert, die die Beziehung ergibt: zwischen primärer Spannung, primärer Stromstärke und einer variablen Größe, beispielsweise beim mehrphasigen Asynchronmotor der Schlüpfung oder dem äquivalenten Belastungswiderstande. Durch Ersetzung der Vektoren durch deren Komponenten nach einem rechtwinkligen Koordinatensysteme unter Benutzung der komplexen Ausdrucksweise für diese Komponenten, ebenso wie für die entsprechenden Impedanzen, zerfällt die Grundgleichung durch Absondern der reellen und imaginären Größen in zwei Gleichungen, aus denen die variable Größe eliminiert werden kann.

Wird die primäre Klemmenspannung als konstant nach Richtung und Größe angenommen, was größtenteils der Fall ist, so gelangt man zu einer neuen Gleichung mit den veränderlichen Komponenten der primären Stromstärke. Diese Komponenten können als laufende Koordinaten des Vektorendes der primären Stromstärke aufgefaßt werden, und somit erhält man ganz allgemein die Gleichung der Kurve, die das Vektorende der primären Stromstärke bei verschiedenen Belastungszuständen beschreibt.

Mit Hilfe dieser Methode, die zur Lösung verschiedenster Probleme der Wechselstromtechnik angewandt werden kann, soll das Kreisdiagramm für die drei Haupttypen der Induktionsmotoren abgeleitet werden:

1. für den mehrphasigen Asynchronmotor,
2. für den einphasigen Asynchronmotor und
3. für den einphasigen Repulsionsmotor in der Thomsonschen und Derischen Schaltung (ohne Berücksichtigung der Bürstenkurzschlußströme).

Der mehrphasige Asynchronmotor.

Das Arbeitsdiagramm eines mehrphasigen Asynchronmotors entspricht einer Ersatzschaltung, in der eine Impedanz mit zwei parallelen Impedanzen in Reihe geschaltet ist (siehe Abb. 1). Die

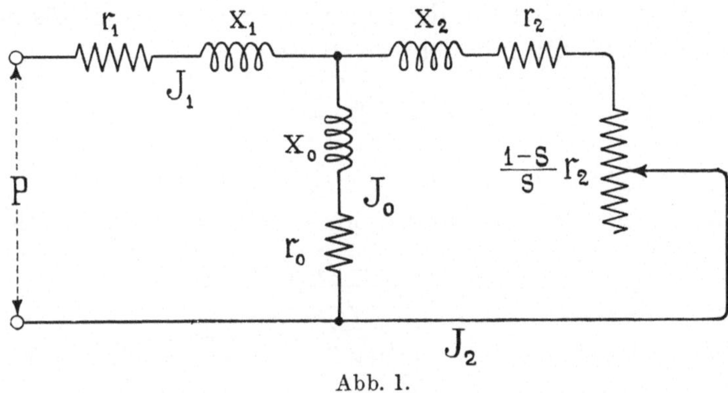

Abb. 1.

Größe des veränderlichen Zusatzwiderstandes hängt von der Schlüpfung, beziehungsweise von der Belastung, ab. Für einen beliebigen Betriebszustand seien die Ströme im primären, sekundären und Nebenstromkreise nach Größe und Phase J_1, J_2 und J_0 oder in komplexer Form:

$$\overline{J_1} = J_1' + j\,J_1''$$

$$\overline{J_2} = J_2' + j\,J_2''$$

$$\overline{J_0} = J_0' + j\,J_0''.$$

J_1', J_2' und J_0' bedeuten die Komponenten der Stromvektoren in der Richtung der Abszissenachse, die mit der Richtung der konstanten primären Klemmenspannung zusammenfalle, und J_1'', J_2'' und J_0'' die entsprechenden Komponenten in der Ordinatenrichtung.

Die Impedanzen der drei Zweige seien dargestellt durch:

$$\overline{z_1} = r_1 - j\,x_1$$

$$\overline{z_2} = \frac{r_2}{s} - j\,x_2$$

$$\overline{z_0} = r_0 - j\,x_0.$$

Die zwei parallelen Zweige z_0 und z_2 können durch einen äquivalenten Stromzweig ersetzt werden, dessen Impedanz in komplexer Form

$$\frac{\overline{z_0} \cdot \overline{z_2}}{\overline{z_0} + \overline{z_2}}$$

gleich ist, und somit kann der ganze verzweigte Stromkreis durch einen unverzweigten mit der Impedanz

$$\overline{z_1} + \frac{\overline{z_0} \cdot \overline{z_2}}{\overline{z_0} + \overline{z_2}}$$

vertauscht werden, durch welchen der Strom $\overline{J}_1$ fließt. Der Ohmsche Satz für einen Ersatzstromkreis ergibt folgende Grundgleichung:

$$P = \overline{J}_1 \cdot \frac{\overline{z_0}\,\overline{z_1} + \overline{z_1}\,\overline{z_2} + \overline{z_2}\,\overline{z_0}}{\overline{z_0} + \overline{z_2}}$$

Nach Einsetzung entsprechender Größen erhalten wir:

$$P\left[r_0 + \frac{r_2}{s} - j\,(x_0 + x_2)\right] = (J_1' + j\,J_1'')\left[\frac{r_2}{s}\,(r_0 + r_1) + r_0\,r_1 - \right.$$

$$x_0\,x_1 - (x_0 + x_1)\,x_2 - j\left\{\frac{r_2}{s}\,(x_0 + x_1) + r_0\,x_1 + r_1\,x_0 + (r_0 + r_1)\,x_2\right\}\bigg]$$

Der Abkürzung halber führen wir folgende Bezeichnungen ein:

$$r_0 + r_1 = a$$
$$x_0 + x_1 = b$$
$$r_0\,r_1 - x_0\,x_1 - b\,x_2 = c$$
$$r_0\,x_1 + r_1\,x_0 + a\,x_2 = d.$$

Sodann wird

$$P\left[r_0 + \frac{r_2}{s} - j\,(x_0 + x_2)\right] = (J_1' + j\,J_1'')\left[a \cdot \frac{r_2}{s} + c - j\left(b \cdot \frac{r_2}{s} + d\right)\right]$$

Da die reellen und die imaginären Größen beider Hälften getrennt einander gleich sein müssen, so zerfällt letzte Gleichung in folgende zwei:

$$P\left(r_0 + \frac{r_2}{s}\right) = J_1'\left(a\,\frac{r_2}{s} + c\right) + J_1''\left(b\,\frac{r_2}{s} + d\right)$$

$$P\,(x_0 + x_2) = J_1'\left(b\,\frac{r_2}{s} + d\right) - J_1''\left(a\,\frac{r_2}{s} + c\right).$$

Die primäre Stromstärke ändert sich mit der Größe des sekundären Widerstandes bzw. der Schlüpfung s und wird durch die beiden obigen Gleichungen für verschiedene s nach Größe und Phase eindeutig bestimmt. Wir können die Komponenten J_1' und J_1'' auch als laufende Koordinaten des Endpunktes des Vektors der primären Stromstärke bei verschiedenen Betriebszuständen auffassen und erhalten somit nach Eliminierung der unabhängigen Variabeln $\frac{r_2}{s}$ die Gleichung einer Kurve, die den geometrischen Ort des Endpunktes des primären Stromvektors bei verschiedenen Belastungen darstellt.

$$\frac{r_2}{s} = \frac{P\,r_0 - J_1'\,c - J_1''\,d}{J_1'\,a + J_1''\,b - P} = \frac{P\,(x_0 + x_2) - J_1'\,d + J_1''\,c}{J_1'\,b - J_1''\,a} \quad .\ 1)$$

Nach entsprechenden Kürzungen erhalten wir folgende Gleichung:

$$J_1'^2 + J_1''^2 - P\,\frac{a\,(x_0 + x_2) + d - b\,r_0}{a\,d - b\,c}\,J_1'$$

$$+ P\,\frac{b\,(x_0 + x_2) - c + a\,r_0}{a\,d - b\,c}\,J_1'' + P^2\,\frac{x_0 + x_2}{a\,d - b\,c} = 0.$$

Diese Gleichung ist identisch mit der Gleichung eines Kreises von der Form

$$(J_1' - \alpha)^2 + (J_1'' - \beta)^2 = R^2$$

oder

$$J_1'^2 + J_1''^2 - 2\,\alpha\,J_1' - 2\,\beta\,J_1'' + \alpha^2 + \beta^2 - R^2 = 0 . \quad .\ 2)$$

dessen Zentrum durch die Koordinaten

$$\alpha = P \cdot \frac{a\,(x_0 + x_2) + d - b\,r_0}{2\,(a\,d - b\,c)} \quad . \quad . \quad . \quad . \quad 3)$$

$$\beta = P \cdot \frac{b\,(x_0 + x_2) - c + a\,r_0}{2\,(a\,d - b\,c)} \quad . \quad . \quad . \quad . \quad 4)$$

gegeben ist, und dessen Radius gleich ist:

$$R = \sqrt{\alpha^2 + \beta^2 - P^2\,\frac{x_0 + x_2}{a\,d - b\,c}} = P\,\frac{r_0^2 + x_0^2}{2\,(a\,d - b\,c)} \quad . \quad .\ 5)$$

Somit ist auf verhältnismäßig einfachem Wege der Beweis des Kreisdiagramms erbracht.

Auf ähnliche Weise kann bewiesen werden, daß die Endpunkte der Vektoren J_2 und J_0 sich ebenfalls längs Kreisen bewegen. Mit Hilfe der Gleichungen 1) lassen sich die Größen der Komponenten der primären Stromstärke für die charakteristischen Punkte leicht bestimmen.

1. Für den ideellen Leerlauf, d. i. wenn der Motor durch äußere Kraft auf synchronen Gang gebracht wird, ist

$$\frac{r_2}{s} = \infty$$

und folglich

$$J'_{10}\, a + J''_{10}\, b - P = 0$$

und

$$J'_{10}\, b - J''_{10}\, a = 0$$

Hieraus lassen sich die Komponenten des Leerlaufstromes ermitteln:

$$J'_{10} = P\, \frac{a}{a^2 + b^2} \quad\ldots\ldots\ldots\ldots\quad 6)$$

$$J'_{10} = P\, \frac{b}{a^2 + b^2} \quad\ldots\ldots\ldots\ldots\quad 7)$$

2. Bei Kurzschluß, für welchen $\dfrac{r_2}{s} = r_2$, erhalten wir folgende Gleichungen:

$$r_2\,(J'_{1k}\, a + J''_{1k}\, b - P) = P\, r_0 - J'_{1k}\, c - J''_{1k}\, d$$

$$r_2\,(J'_{1k}\, b - J''_{1k}\, a) = P\,(x_0 + x_2) - J'_{1k}\, d + J''_{1k}\, c$$

aus denen sich die Komponenten des Kurzschlußstromes bestimmen lassen:

$$J'_{1k} = P\, \frac{(r_0 + r_2)\,(a\, r_2 + c) + (x_0 + x_2)\,(b\, r_2 + d)}{(a\, r_2 + c)^2 + (b\, r_2 + d)^2} \quad\ldots\quad 8)$$

$$J''_{1k} = P\, \frac{(r_0 + r_2)\,(b\, r_2 + d) - (x_0 + x_2)\,(a\, r_2 + c)}{(a\, r_2 + c)^2 + (b\, r_2 + d)^2} \quad\ldots\quad 9)$$

3. Für den ideellen Kurzschluß, der dadurch zustande gebracht werden könnte, daß der Rotor durch eine äußere Kraft

in Richtung der Drehung oder umgekehrt auf unendlich große Tourenzahl gebracht würde, ist $\dfrac{r_2}{s} = 0$

und folglich

$$P\,r_0 - J_1' \infty \,.\, c - J_1'' \infty \,.\, d = 0$$
$$P\,(x_0 + x_2) - J_1' \infty \,.\, d + J_1''{}_\infty \,.\, c = 0$$

und hieraus lassen sich die Komponenten des ideellen Kurzschlußstromes ermitteln:

$$J_1' \infty = P\,.\,\frac{r_0\,c + (x_0 + x_2)\,d}{c^2 + d^2} \quad \ldots \ldots \ldots \; 10)$$

$$J_1'' \infty = P\,.\,\frac{r_0\,d - (x_0 + x_2)\,c}{c^2 + d^2} \quad \ldots \ldots \ldots \; 11)$$

Auswertung des Kreisdiagramms.

I. Die einer Phase zugeführte Leistung W_1 wird in einem bestimmten Maßstabe durch die Wattkomponente der primären Stromstärke dargestellt (siehe Abb. 2).

$$W = P\,.\,J_1' = P\,.\,J_1\,a_1 \quad \ldots \ldots \ldots \; 12)$$

II. Die dem Drehfelde durch elektromagnetische Induktion zugeführte Leistung W, bezogen auf eine Phase, gleicht

$$W = P\,.\,J_1' - (J_1{}^2\,r + J_0{}^2\,r_0).$$

Die primären und Eisenverluste lassen sich durch erste Potenzen der primären Stromkomponenten ausdrücken. Der II. Kirchhoffsche Satz, angewandt auf die Verzweigungen z_1 und z_0, ergibt:

$$P = \overline{J_1}\,\overline{z_1} + \overline{J_0}\,\overline{z_0}$$
$$P = (J_1' + j\,J_1'')\,(r_1 - j\,x_1) + (J_0' + j\,J_0'')\,(r_0 - j\,x_0)$$

Dieses zerfällt in zwei Gleichungen:

$$P = J_1'\,r_1 + J_1''\,x_1 + J_0'\,r_0 + J_0''\,x_0$$
$$0 = J_1'\,x_1 - J_1''\,r_1 + J_0'\,x_0 - J_0''\,r_0,$$

welche zu folgenden Ausdrücken für J_0'' und J_0' führen:

$$J_0' = \frac{P\,r_0 - J_1'\,(r_0\,r_1 + x_0\,x_1) - J_1''\,(x_1\,r_0 - r_1\,x_0)}{r_0{}^2 + x_0{}^2}$$

$$J_0'' = \frac{P\,x_0 + J_1'\,(x_1\,r_0 - r_1\,x_0) - J_1''\,(r_0\,r_1 + x_0\,x_1)}{r_0{}^2 + x_0{}^2}.$$

Durch Quadrieren und Summieren erhält man

$$J_0{}^2 = J_0'{}^2 + J_0''{}^2$$

$$J_0{}^2 = \frac{1}{z_0{}^2}\left[P^2 + J_1{}^2 z_2{}^2 - 2\,P\,(J_1'\,r + J_1''\,x_1)\right],$$

wobei

$$z_0{}^2 = r_0{}^2 + x_0{}^2 \quad \text{und} \quad z_1{}^2 = r_1{}^2 + x_1{}^2.$$

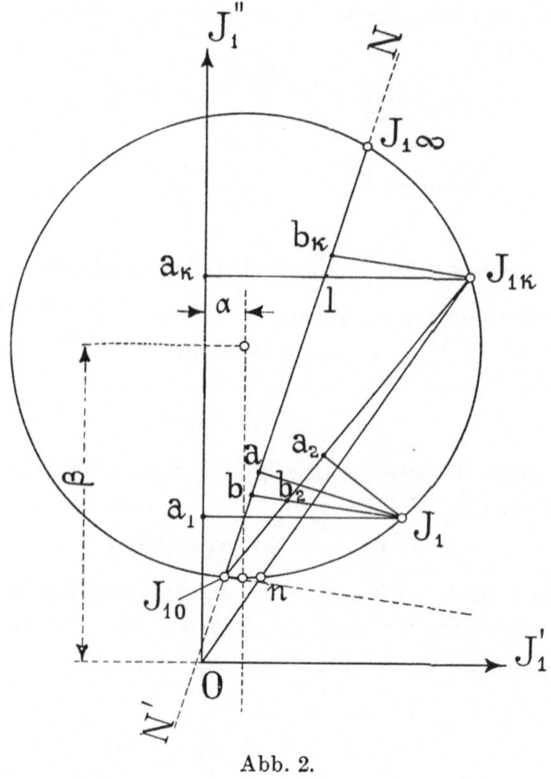

Abb. 2.

Die obenerwähnten Verluste können also folgenderweise ausgedrückt werden:

$$J_1{}^2 r_1 + J_0{}^2 r_0 = \frac{1}{z_0{}^2}\left[P^2 r_0 + J_1{}^2\,(r_1 z_0{}^2 + r_0 z_1{}^2) -\right.$$

$$\left. - 2\,P\,(J_1'\,r_1 + J_1''\,x_1)\,r_0\right].$$

Aus der Gleichung 2) für den Kreis folgt:

$$J_1{}^2 = J_1'{}^2 + J_1''{}^2 = 2\,\alpha\,J_1' + 2\,\beta\,J_1'' + R^2 - \alpha^2 - \beta^2$$

und hiernach werden die primären und Eisenverluste

$$J_1^2\, r_1 + J_0^2\, r_0 = \frac{P}{z_0^2} \left[\left\{ \frac{2\,\alpha}{P}\, (r_1 z_0^2 + r_0 z_1^2) - 2\, r_1\, r_0 \right\} J_1' + \right.$$

$$+ \left\{ 2\,\beta\, (r_1 z_0^2 + r_0 z_1^2) - 2\, x_1\, r_0 \right\} J_1'' + P\, r_0 +$$

$$\left. + (R^2 - \alpha^2 = \beta^2)\, (r_1 z_0^2 + r_0 z_1^2) \right].$$

Wenn jetzt dieser Ausdruck der primären und Eisenverluste in die Gleichung der dem Drehfelde übertragenen Leistung eingeführt wird, so erhält man ein Polynom:

$$W = P \left[\frac{1}{z_0^2} \left\{ z_0^2 - \frac{2\,\alpha}{P}\, (r_1 z_0^2 + r_0 z_1^2) + 2\, r_1\, r_0 \right\} J_1' + \right.$$

$$+ \frac{1}{z_0^2} \left\{ 2\, x_1\, r_0 - \frac{2\,\beta}{P}\, (r_1 z_0^2 + r_0 z_1^2) \right\} J_1'' -$$

$$\left. - \frac{1}{z_0^2} \left\{ P\, r_0 + (R^2 - \alpha^2 - \beta^2)\, (r_1 z_0^2 + r_0 z_1^2) \right\} \right],$$

das nur die ersten Potenzen von J_0' und J_0'' enthält und durch folgende Formel ausgedrückt werden kann:

$$W = P\, (A \cdot J_1' + B \cdot J_1'' + C).$$

Der Ausdruck in den Klammern ist seiner Konstruktion nach identisch mit dem Ausdruck der Abszisse eines laufenden Punktes beim Übergang von einem rechtwinkligen Koordinatensystem zu einem anderen. Es sei $O_1\, N$ die eine Achse (Abb. 3) des einen Koordinatensystems; die Ordinate $J_1\, a$ des Punktes J_1 auf diese Achse wird durch die Koordinaten J_1', J_1'' des anderen Systems $J_1'\, O\, J_1''$ folgenderweise ausgedrückt:

$$J_1\, a = a\, b + b\, c - J_1\, e$$

$$J_1\, a = Od \sin \gamma + J_1' \sin \gamma - J_1'' \cos \gamma$$

Die Koeffizienten A, B und C können den entsprechenden Koeffizienten $\sin \gamma$, $- \cos \gamma$ und $Od \sin \gamma$ proportional gesetzt werden.

$$A = K \cdot \sin \gamma$$

$$B = - K \cdot \cos \gamma$$

$$C = K \cdot Od \cdot \sin \gamma.$$

Hieraus folgt

$$\operatorname{tang} \gamma = -\frac{A}{B}$$

$$K = \sqrt{A^2 + B^2} \quad \ldots \ldots \ldots 13)$$

$$Od \sin \gamma = \frac{C}{\sqrt{A^2 + B^2}}.$$

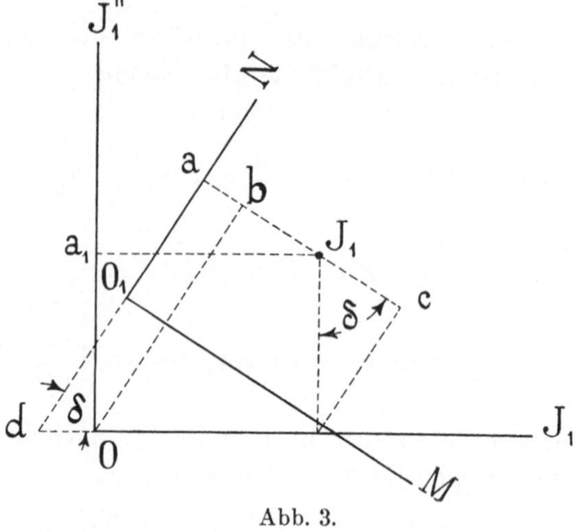

Abb. 3.

Auf diese Weise erhält man

$$W = P . \sqrt{A^2 + B^2} \left(\frac{A}{\sqrt{A^2 + B^2}} J_1{}' + \frac{B}{\sqrt{A^2 + B^2}} J_1{}'' + \frac{C}{\sqrt{A^2 + B^2}} \right)$$

$$W = P . K . J_1 a \quad \ldots \ldots \ldots 14)$$

Da P und K konstante Größen sind, so kann $J_1 a$ als Maß für die dem Drehfelde übertragene Leistung dienen. Was den Maßstab anbetrifft, so soll er späterhin festgestellt werden. Da die dem Drehfelde übertragene Leistung dem Drehmomente multipliziert mit der synchronen Winkelgeschwindigkeit gleicht, so stellt die Strecke $J_1 a$ in einem gewissen Maßstabe die Größe des Drehmomentes dar. Die sogenannte Drehfeldleistungslinie N′N wird durch zwei Schnittpunkte mit dem Kreise (Abb. 2) bestimmt, für welche die dem Drehfelde übertragene Leistung Null ist. Diese Punkte sind der ideelle Leerlauf (s = 0) und der ideelle Kurzschluß (s = ∞).

III. Auch die Nutzleistung des Motors, die gleich ist der primären Leistung nach Abzug aller Verluste:

$$W_2 = W_1 - (J_1{}^2 r_1 + J_0{}^2 r_0 + J_2{}^2 r_2),$$

kann ebenfalls durch ein Polynom der ersten Potenzen von J_1' und J_1'' ausgedrückt werden, d. h.

$$W_2 = P (A_2 J_1' + B_2 J_1'' + C_2).$$

Es ist nämlich

$$\overline{J_2} = \overline{J_1} - \overline{J_0}$$

oder

$$J_2' = J_1' - J_0'$$

$$J_2'' = J_1'' - J_0''$$

und hieraus

$$J_2{}^2 = J_2'{}^2 + J_2''{}^2 = J_1{}^2 + J_0{}^2 - 2 (J_1' J_0' + J_1'' J_0'').$$

Nach Einführung der oben ermittelten Größen von J_0' und J_0'' erhält man:

$$J_2{}^2 = J_1{}^2 + J_0{}^2 + \frac{1}{z_0{}^2} \left[2 J_1{}^2 (r_1 r_0 + x_1 x_0) - 2 P r_0 J_1' - 2 P x_0 J_0'' \right].$$

Wenn jetzt der so gefundene Ausdruck für $J_2{}^2$ und der schon bekannte Ausdruck für $J_0{}^2$ in die Gleichung für W_2 eingesetzt werden, so findet man, daß

$$W_2 = P \left[J_1' - J_1{}^2 \frac{P}{z_0{}^2} \left\{ (r_1 + r_2) z_0{}^2 + (r_0 + r_2) z_1{}^2 - 2 (r_1 r_0 + x_1 x_0) \right\} \right.$$

$$\left. + \frac{2}{z_0{}^2} (r_1 r_2 - r_0 r_2) J_1' - \frac{2 x_0 r_2}{z_0{}^2} J_1'' - \frac{P r_0}{z_0{}^2} \right].$$

Da aber $J_1{}^2$, wie oben aus der Gleichung des Kreises gezeigt worden, durch

$$J_1{}^2 = 2 \alpha J_1' + 2 \beta J_1'' + R^2 - \alpha^2 - \beta^2$$

ersetzt werden kann, so wird die sekundäre Nutzleistung durch ein Polynom der ersten Potenzen von J_0' und J_0'' dargestellt:

$$W_2 = P (A_2 J_1' + B_2 J_1'' + C_2)$$

und hieraus folgt der Schluß, daß auch die Nutzleistung in einem gewissen, vorläufig unbekannten Maßstabe durch einen Abschnitt $J_1\,a_2$ der Senkrechten aus dem Ende des Stromvektors J_1 auf die sogenannte Leistungslinie $J_0\,J_k$ bestimmt wird:

$$W_2 = P\,.\,K_2\,.\,J_1\,a_2 \quad\ldots\ldots\ldots\quad 15)$$

Die Leistungslinie wird durch zwei Punkte definiert, für welche die Nutzleistung Null ist; diese Punkte sind die Punkte $J_{1\,0}$ des ideellen Leerlaufs ($s = 0$) und $J_{1\,k}$ des tatsächlichen Kurzschlusses ($s = 1$).

IV. Da die dem Drehfelde zugeführte Leistung durch

$$W_2 = 2\,\pi\,c\,.\,D = P\,.\,K\,.\,J_1\,a$$

und die Nutzleistung durch

$$W_2 = 2\,\pi\,c\,(1 - s)\,D = P\,.\,K_2\,.\,J_1\,a_2$$

gegeben ist, wo D das Drehmoment bedeutet, so kann aus dem Verhältnis

$$\frac{W_2}{W} = 1 - s = \frac{K_2\,.\,J_1\,a_2}{K\,.\,J_1\,a}$$

der Schlupf ermittelt werden. Auf Abb. 4 sei eine beliebige Gerade $N_2\,L$ parallel der Drehmomentslinie $J_{10}\,J_\infty$ gezogen. Durch die Verbindungslinie der Enden der Vektoren der primären Stromstärke bei Belastung und bei Leerlauf wird ein Dreieck $J_0\,M\,N_2$ gebildet, das dem Dreiecke $a\,a_2\,J_1$ ähnlich ist, da

$$\sphericalangle\ a_2\,J_{10}\,J_1 = \sphericalangle\ a_2\,a\,J_1$$

und

$$\sphericalangle\ a\,J_{10}\,N_2 = \sphericalangle\ J_{10}\,N_2\,L = \sphericalangle\ a_2\,J_1\,a.$$

Die Ähnlichkeit der beiden Dreiecke ergibt

$$\frac{J_1\,a_2}{J_1\,a} = \frac{N_2\,M}{J_{10}\,N_2}$$

und somit ist

$$\frac{W_2}{W} = 1 - s = \frac{K_2}{K}\,.\,\frac{N_2\,M}{J_{10}\,N_2} = \text{Const. } N_2\,M.$$

Bei Kurzschluß ist $s = 1$, und der Punkt M fällt mit N_2 zusammen, bei Leerlauf ist $s = 0$, und da hier J_1 und J_0 zusammenfallen, so geht die Verbindungslinie in die Tangente $J_0\,L$ über, und der Punkt M fällt mit L zusammen.

Für den Leerlauf erhält man

$$\frac{W_2}{W_{(s=0)}} = 1 = \text{Const. } N_2\, L$$

und folglich ist

$$\frac{K_2}{K} \cdot \frac{N_2\, L}{J_{10}\, N_2} = 1 \quad . \quad . \quad . \quad . \quad . \quad . \quad 16)$$

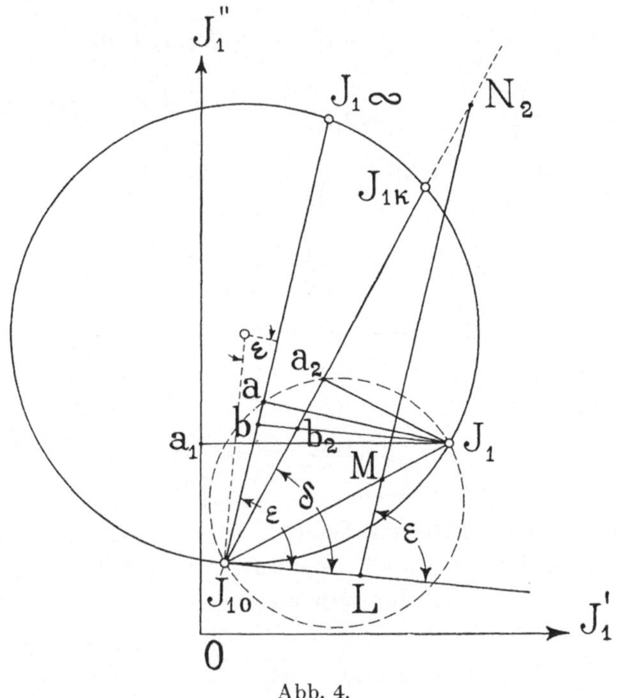

Abb. 4.

Somit ist das Verhältnis

$$\frac{W_2}{W} = 1 - s = \frac{N_2\, M}{N_2\, L} \quad . \quad . \quad . \quad . \quad . \quad 17)$$

Wenn jetzt $N_2\, L$ in 100 Teile geteilt wird, so ergibt der Abschnitt $N_2\, M$ das Verhältnis der Tourenzahl bei Belastung zur synchronen Tourenzahl und $M\, L$ direkt den Schlupf in Prozenten.

Aus Gleichung 16) läßt sich das Verhältnis der Maßstäbe für W und W_2 feststellen:

$$\frac{K_2}{K} = \frac{J_0\, N_2}{N_2\, L} = \frac{\sin J_{10}\, L\, N_2}{\sin N_2\, J_{10}\, L} = \frac{\sin \varepsilon}{\sin \delta}$$

ε und δ sind die Winkel, die die Tangente im Punkte J_{10} mit der Feldleistungslinie bzw. mit der Leistungslinie, macht.

Es ist $K = \dfrac{1}{\sin \varepsilon}$; dieses kann folgenderweise bewiesen werden. Wir hatten $K^2 = A^2 + B^2$.

Wenn man für A und B deren Größen einsetzt, so erhält man nach einigen Umwandlungen:

$$K^2 = \frac{1}{z_0{}^4}\left[\left\{z_0{}^2 - \frac{2\,\alpha}{P}(r_1 z_0{}^2 + r_0 z_1{}^2) + 2\,r_1\,r_0\right\}^2 + \right.$$

$$\left. + \left\{2\,x_1\,r_0 - \frac{2\,\beta}{P}(r_1 z_0{}^2 + r_0 z_1{}^2)\right\}^2\right] = 1 + \frac{4\,R^2\,(r_1 z_0{}^2 + r_0 z_1{}^2)^2}{P^2\,z_0{}^4} =$$

$$= 1 + \frac{4\,R^2\,(a\,c + b\,d)^2}{P^2\,z_0{}^4} = 1 + \frac{(a\,c + b\,d)^2}{(a\,d - b\,c)^2}.$$

$$K^2 = \frac{(a^2 + b^2)\,(c^2 + d^2)}{(a\,d - b\,c)^2}.$$

Der Winkel ε, den die Tangente $J_{10}\,L$ mit der Drehmomentslinie $J_{10}\,J_{1\infty}$ einschließt, gleicht dem zentralen Winkel $J_{10}O$.

Folglich ist

$$\sin^2 \varepsilon = \frac{\overline{J_{10}\,J_1\infty}}{4\,R^2} = \frac{(J_1'\infty - J_1'{}_0)^2 + (J_1''\infty - J_1''{}_0)^2}{4\,R^2}$$

Wenn die oben ermittelten Größen für die Komponenten des ideellen Kurzschlusses und Leerlaufes eingeführt werden, so ergibt sich nach einigen Kürzungen:

$$\sin^2 \varepsilon = \frac{P^2 \cdot z_0{}^4}{4\,R^2\,(a^2 + b^2)\,(c^2 + d^2)} = \frac{(a\,d - b\,c)^2}{(a^2 + b^2)\,(c^2 + d^2)}$$

und hieraus läßt sich der Schluß ziehen, daß

$$K = \frac{1}{\sin \varepsilon}$$

und

$$K_2 = \frac{1}{\sin \delta}.$$

Durch eine einfache Konstruktion kann man W_2 und W direkt in demselben Maßstabe wie die primär zugeführte Leistung W_1 ablesen. Zieht man durch das Ende des primären Stromvektors J_1 eine Gerade parallel der Tangente $J_{10}\,L$, so wird durch die Leistungslinie $J_{10}\,J_{1k}$

$$J_1 b_2 = \frac{J_1 a_2}{\sin \delta} = K_2 J_1 a_2 = \frac{W_2}{P}$$

abgeschnitten, oder

$$W_2 = P \cdot J_1 b_2 \quad . \quad . \quad . \quad . \quad . \quad . \quad . \quad . \quad 18)$$

und die Drehmomentslinie $J_{10} J_{1k}$ schneidet

$$J_1 b = \frac{J_1 a}{\sin \varepsilon} = K \cdot J_1 a = \frac{W}{P}$$

ab, oder

$$W = P \cdot J_1 b \quad . \quad . \quad . \quad . \quad . \quad . \quad . \quad . \quad 19)$$

Die Richtigkeit der obigen Konstruktion kann auch durch folgende einfache Überlegung bewiesen werden:

Für den dem Synetronismus unendlich nahen Zustand müssen die Drehfeld- und Nutzleistungen gleich sein und somit durch ein und dieselbe Strecke dargestellt werden. Dieses trifft zu, wenn die betreffenden Strecken der in J_{10} gezogenen Tangente $J_{10} L$ parallel sind.

V. Der Wirkungsgrad ist das Verhältnis der Nutzleistung zur primären Leistung:

$$\eta = \frac{W_2}{W_1} = \frac{K_2 J_1 a_2}{J_1 a_1}.$$

Das Ende des primären Stromvektors (siehe Abb. 5) verbinden wir mit dem Schnittpunkte der Nutzleistungslinie, mit der Ordinatenachse f und ziehen zur letzteren eine beliebige Parallele g M_2. Aus den zwei ähnlichen rechtwinkligen Dreiecken a_1 d f und g f M_2 einerseits, und $a_1 J_1$ f und g f h anderseits folgt:

$$\frac{a_1 d}{a_1 f} = \frac{g f}{g M_2}$$

und

$$\frac{a_1 f}{J_1 a_1} = \frac{g h}{g f}$$

oder

$$\frac{a_1 d}{J_1 a_1} = \frac{g h}{g M_2},$$

Beide Seiten, aus der Einheit abgezogen, ergeben

$$\frac{J_1 d}{J_1 a_1} = \frac{h M_2}{g M_2}$$

Diese Proportion erlaubt, den Wirkungsgrad zu ermitteln.

$$\eta = \frac{J_1\, a_2}{\sin\delta\,.\,J_1\, a_1} = \frac{J_1\, d}{J_1\, a_1} \cdot \frac{\sin\gamma}{\sin\delta} = h\, M_2\, \frac{\sin\gamma}{g\, M_2\, \sin\delta} = \frac{h\, M_2}{\text{Const.}}$$

Der konstante Faktor $\dfrac{g\, M_2\, \sin\delta}{\sin\gamma}$ kann auf graphischem Wege gefunden werden. Zu diesem Zwecke fällen wir ein Lot auf die durch f der Tangente in J_{10} parallel gezogene Linie f m; die Strecke M_2 m gleicht dann $\dfrac{g\, M_2\,.\,\sin\delta}{\sin\gamma}$. Wenn M_2 m in 100 Teile geteilt wird und die entsprechenden Teile auf M_2 g abgelegt werden, so gibt die Strecke M_2 h den Wirkungsgrad direkt in Prozenten.

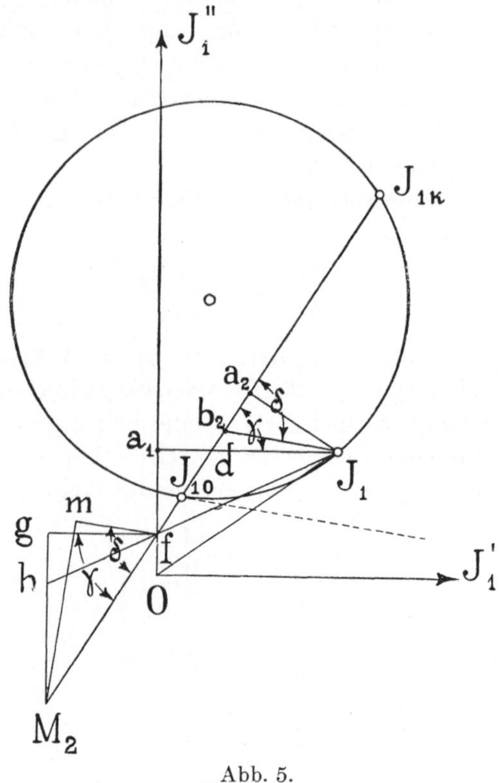

Abb. 5.

erfolgt auf Grund des Leerlaufs- und Kurzschlußversuches, die 2 Punkte des Kreises J_{10} und J_{1k} ergeben. Von der Arbeit des

Hysteresisdrehmoments abgesehen, wäre der Leerlaufseffekt bei synchrorem Gange zu messen, doch kann derselbe auch in der Weise ermittelt werden, daß das Wattmeter sofort nach schnellem Öffnen des Rotorkreises des leerlaufenden Motors abgelesen wird. Der Leerlaufs- und Kurzschlußversuch nebst der Messung des Statorwiderstandes genügen nicht, um den Kreismittelpunkt genau zu konstruieren. Sehr bequem ist die von Arnold stammende Konstruktionsweise, wo man den Schnittpunkt der Mittelsenkrechten $J_{1k} J_{10}$ und der Parallelen zur Ordinatenachse findet, die den Abschnitt $J_{10} n$ (Abb. 2) parallel der Abszissenachse zwischen Leerlaufspunkt J_0 und dem Stromvektor bei Kurzschluß halbiert. Daß diese Konstruktionsweise bei Gleichheit des Stator- und Rotorwiderstandes vollkommen richtig ist, folgt daraus, daß bei $r_1 = r_2$

$$2\,\alpha = J'_{10} + J'_{1k} \cdot \frac{J''_{10}}{J''_{1k}},$$

was nach Einführung der oben ermittelten Werte für die Zentrumsabszisse und die Stromkomponenten bei Leerlauf und Kurzschluß leicht bewiesen werden kann.

Der der unendlichen Schlüpfung entsprechende Punkt des Kreises wird meistenteils in der Weise ermittelt, daß die Strecke $J_{1k} a_k$ im (Siehe Abb. 2) Verhältnisse $\dfrac{r_1}{r_k} = \dfrac{l\,a_k}{J_{1k}\,a_k}$ geteilt wird und der Punkt l mit O durch eine Gerade bis zum Schnittpunkt mit dem Kreise verbunden wird. r_k ist der aus dem Kurzschlußversuche ermittelte effektive Widerstand. Da r_1 den Ohmschen Widerstand des Stators darstellt, so könnte es sich in vielen Fällen empfehlen, das Anlaufsdrehmoment, das proportional dem Quadrate der Spannung sich ändert, experimentell zu ermitteln, was unter Zuhilfenahme des Pronyschen Zaums oder einer Federwage mit einer beliebigen Genauigkeit gemacht werden kann. Dieses Drehmoment D_k, mit der synchronen Winkelgeschwindigkeit multipliziert und in entsprechenden Maßen ausgedrückt, wird von J_{1k} auf einer der Tangente in J_{10} parallelen Linie abgetragen:

$$2\,\pi\,c \cdot D_k = J_{1k}\,b_k$$

und der Punkt b_k und J_{10} verbunden.

Die weiteren Konstruktionen sind aus dem Vorhergehenden ersichtlich.

Der einphasige Asynchronmotor.

Der einphasige Asynchronmotor kann der Drehfeldtheorie zufolge betrachtet werden als zwei übereinander gelagerte Mehrphasenmotóren, deren Drehrichtung entgegengesetzt ist. Die Amperewindungszahl eines jeden dieser Mehrphasenmotoren gleicht der halben Amperewindungszahl des Einphasenmotors. Bei Anwendung dieser Betrachtungsweise erhält man folgende bekannte Ersatzschaltung (siehe Abb. 6) der beiden in Reihe geschalteten Motoren. In dieser Ersatzschaltung ist $r_2 - j\,x_2$ der halben Rotorimpedanz und z_0 der halben Impedanz der Erregung des Einphasenmotors gleichzusetzen; $m = \dfrac{c_2}{c}$ ist die Tourenzahl des Motors, in synchronen Touren gemessen. Die gesamte Impedanz des ganzen Stromkreises ist:

$$\bar{z}_1 + \frac{\bar{z}_2 \cdot \bar{z}_0}{\bar{z}_2 + \bar{z}_0} + \frac{\bar{z}_3 \cdot \bar{z}_0}{\bar{z}_3 + \bar{z}_0} = \bar{z}$$

und folglich erhält man

$$P = (J_1' + jJ_1'') \left[r_1 - jx_1 + \frac{\left(\dfrac{r_2}{1-m} - j\,x_2\right)(r_0 - j\,x_0)}{\dfrac{r_2}{1-m} - j\,x_2 + r_0 - j\,x_0} + \right.$$

$$\left. + \frac{\left(\dfrac{r_2}{1+m} - j\,x_2\right)(r_0 - j\,x_0)}{\dfrac{r_2}{1+m} - j\,x_2 + r_0 - j\,x_0} \right].$$

Die konstante Klemmenspannung P ist in die Richtung der Abszissenachse gelegt; J_1' und J_1'' sind die Watt- und die wattlose Komponente des Primärstromes.

Die zwei letzten Glieder in den Klammern ergeben

$$2\,(r_0 - j\,x_0)\,.$$

$$\frac{\dfrac{r_2}{1-m^2}(r_0+r_2) - x_2(x_0+x_2) - j\left(\dfrac{r_2(2\,x_2+x_0)}{1-m^2}+x_2\,r_0\right)}{\dfrac{r_2(r_2+2\,r_0)}{1-m^2} + r_0{}^2 - (x_0+x_2)^2 - 2\,j\,(x_0+x_2)\left(r_0+\dfrac{r_2}{1-m^2}\right)}$$

und hieraus zieht man den Schluß, daß die gesamte Impedanz des ganzen Stromkreises als Verhältnis zweier Komplexe dargestellt werden kann, deren reelle und imaginäre Werte aus je zwei Teilen bestehen, von denen der eine den Faktor $\dfrac{1}{1-m^2}$ hat, d. h.

$$P = (J_1{}' + j\,J_1{}'')\,\overline{z} = (J_1{}' + j\,J_1{}'')\,\frac{\dfrac{a}{1-m^2}+b-j\left(\dfrac{c}{1-m^2}+d\right)}{\dfrac{e}{1-m^2}+f-j\left(\dfrac{g}{1-m^2}+h\right)}$$

wo a, b, c, d, e, f, g und h konstante von der Belastung unabhängige Größen sind.

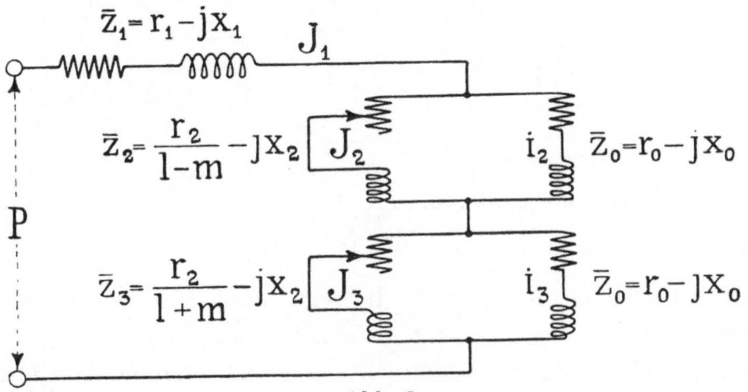

Abb. 6.

Da in der letzten Gleichung die reellen und imaginären Teile je einander gleich sein müssen, so führt dieselbe zu folgenden zwei Beziehungen:

$$P\left(\frac{e}{1-m^2}+f\right) = J_1{}'\left(\frac{a}{1-m^2}+b\right) + J_1{}''\left(\frac{c}{1-m^2}+d\right)$$

$$P\left(\frac{g}{1-m^2}+h\right) = J_1{}'\left(\frac{c}{1-m^2}+d\right) - J_1{}''\left(\frac{a}{1-m^2}+b\right).$$

Wir ermitteln aus beiden Gleichungen $\dfrac{1}{1-m^2}$ und setzen die so erhaltenen Ausdrücke einander gleich:

$$\frac{P \cdot f - J_1' \cdot b - J_1'' \cdot d}{J_1' \cdot a + J_1'' \cdot b - P \cdot e} = \frac{P \cdot h - J_1' \cdot d + J_1'' \cdot b}{J_1' \cdot c - J_1'' \cdot a - P \cdot g}$$

oder

$$J_1'^2 + J_1''^2 - P \cdot \frac{a\,h + d\,e - f\,c - g\,b}{a\,d - b\,c} \cdot J_1' -$$

$$- P \cdot \frac{a\,f + c\,h - g\,d - b\,e}{a\,d - b\,c} J_1'' + P^2 \frac{e\,h - f\,g}{a\,d - b\,c} = 0$$

Dieses ist die Gleichung eines Kreises, und folglich ist auf Grund der oben angeführten Ersatzschaltung bewiesen worden, daß das Ende des Vektors des Primärstromes bei Veränderung der Be-

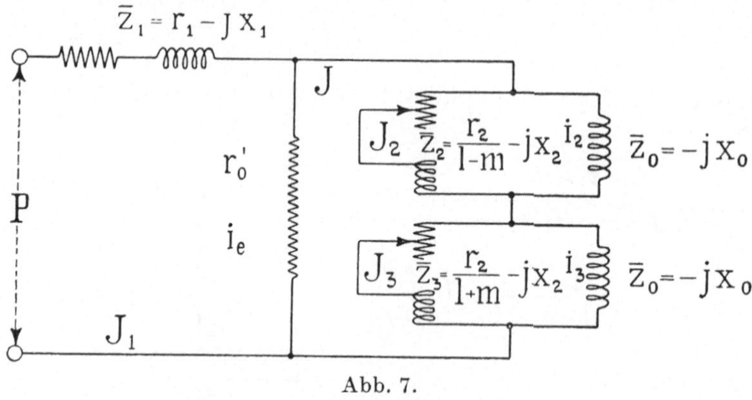

Abb. 7.

lastung sich längs eines Kreises bewegt. Die Verluste im Stator, im Eisen und im Rotor lassen sich nicht durch Polynome erster Potenzen ausdrücken, und somit ist es nicht möglich, bei genauer Befolgung der in Abb. 6 gezeichneten Ersatzschaltung sogenannte Nutzleistungs- und Feldleistungslinien zu konstruieren. Wenn jedoch die Eisenverluste in den Statorkreis verlegt werden, so kann das Vorhandensein dieser Leistungslinien bewiesen werden. Dies würde der Schaltung in Abb. 7 entsprechen. Die in entgegengesetzter Richtung wirkenden Drehfelder der beiden mehrphasigen Ersatzmotoren sind besonders bei vom Leerlauf wenig abweichenden Belastungen einander nicht gleich; sie können ersetzt werden durch zwei pulsierende Felder: das die Stator- und Rotorwindungen durchsetzende Längsfeld und das phasenverschobene senkrecht wirkende Querfeld. Die durch dieses Querfeld verursachten Eisenverluste infolge Hysteresis- und Wirbelströme vermindern die dem Rotor übertragene Leistung. Bei synchroner Tourenzahl wird ungefähr die Hälfte der gesamten Eisenverluste durch die mechanische Arbeit des Rotors, die andere Hälfte direkt durch den Statorkreis gedeckt. Indem wir uns die gesamten Eisenverluste direkt durch den Statorkreis gedeckt denken, erhalten wir eine etwas kleinere Schlüpfung, von der nur bei sehr geringen Belastungen die Rede sein könnte. Wir ermitteln wiederum die Impedanz des gesamten Stromkreises. Die Impedanz zwischen den Punkten A und B ist (Abb. 7):

$$\overline{z} = \frac{\overline{z_2}\,\overline{z_0}}{\overline{z_2} + \overline{z_0}} + \frac{\overline{z_3}\,\overline{z_0}}{\overline{z_3} + \overline{z_0}}$$

$$= -\,j\,x_0 \;\frac{2 \cdot \dfrac{r_2{}^2}{1 - m^2} - 2 \cdot x_2\,(x_0 + x_2) - j\,x_2\,\dfrac{2\,r_2}{1 - m^2}}{\dfrac{r_2}{1 - m^2} - (x_0 + x_2)^2 - j\,(x_0 + x_2)\,\dfrac{2\,r_2}{1 - m^2}}\,.$$

Zu dieser Impedanz ist der Widerstand $r_0{}'$ parallel geschaltet, und somit ist die gesamte Impedanz

$$\overline{z_1} + \frac{r_0{}'\,\overline{z}}{\overline{z} + r_0{}'}\,.$$

Ähnlich wie in dem vorhergehenden Falle ist die gesamte Impedanz durch einen Bruch dargestellt, dessen Zähler und Nenner Komplexe sind, deren reelle und imaginäre Werte aus je zwei Teilen bestehen, von denen der eine den gemeinsamen Faktor $\dfrac{1}{1 - m^2}$ hat. Es ist also

$$P = (J_1{}' + j\,J_1{}'')\;\frac{\dfrac{A}{1 - m^2} + B - j\left(\dfrac{C}{1 - m^2} + D\right)}{\dfrac{E}{1 - m^2} + H - j\left(\dfrac{G}{1 - m^2} + H\right)}\,.$$

Diese Gleichung zerfällt in folgende zwei:

$$P\left(\frac{E}{1 - m^2} + F\right) = J_1{}'\left(\frac{A}{1 - m^2} + B\right) + J_1{}''\left(\frac{C}{1 - m^2} + D\right),$$

$$P\left(\frac{G}{1 - m^2} + H\right) = J_1{}'\left(\frac{C}{1 - m^2} + D\right) - J_1{}''\left(\frac{A}{1 - m^2} + D\right),$$

welche nach Elimination von $\dfrac{1}{1-m^2}$ die Gleichung des Diagramm-kreises ergeben:

$$J_1'^2 + J_1''^2 - P \cdot \frac{A\,H + D\,E - F\,C - G\,B}{A\,D - B\,C} J_1' -$$

$$- P \cdot \frac{A\,F + C\,H - G\,D - B\,E}{A\,D - B\,C} J_1'' + P^2 \frac{E\,H - G\,F}{A\,D - B\,C} = 0$$

Oder

$$J_1'^2 + J_1''^2 - 2\,\alpha\,J_1' - 2\,\beta\,J_1'' + \alpha^2 + \beta^2 - R^2 = 0.$$

Auswertung des Kreisdiagramms.

I. **Die primär zugeführte Leistung** W_1 wird durch die Wattkomponente des Primärstromes dargestellt:

$$W_1 = P \cdot J_1 \cos \varphi = P \cdot J_1' = P \cdot J_1\, a_1.$$

Die Phasenverschiebung, beziehungsweise der Leistungsfaktor ist aus der Lage des primären Stromvektors leicht zu ermitteln (Abb. 8).

II. **Die vom magnetischen Felde**, das den Luft-zwischenraum durchsetzt, **geleistete Arbeit** gleicht der primären Leistung, vermindert um die Kupferverluste im Stator und die Eisenverluste. Unsere Ersatzschaltung führt zu folgender Gleichung:

$$W = P\,J_1' - J^2\,r_1 - i_e^2\,r_0.$$

Für die Stromzweige z_1 und r_0' gilt:

$$P = \overline{J_1}\,\overline{z_1} + \overline{i_e}\,\overline{r_0'} = (J_1' + \mathfrak{j}\,J_1'')\,(r_1 - \mathfrak{j}\,x_1) + (i_e' + \mathfrak{j}\,i_e'') \cdot r_0'.$$

oder nach Zerlegung in zwei Teile:

$$P = J_1'\,r_1 + J_1''\,x_1 + i_e'\,r_0'$$
$$0 = J_1'\,x_1 - J_1''\,r_1 - i_e''\,r_0'.$$

Hieraus läßt sich i_e^2 finden:

$$i_e' = \frac{P - J_1'\,r_1 - J_1''\,x_1}{r_0'} \cdot i_e'' = \frac{J_1'\,x_1 - J_1''\,r_1}{r_0'}$$

$$i_e^2 = i'_e{}^2 + i''_e{}^2 = \frac{P^2 + J_1^2\,(r_1^2 + x_1^2) - 2\,P\,(J_1'\,r_1 + J_1''\,x_1)}{r_0'^2}.$$

Dieses eingeführt in den Ausdruck für die Feldleistung, ergibt:

$$W = P\,J_1' - J_1^2\,r_1 - \frac{P^2}{r_0'} - \frac{J_1^2\,(r_1^2 + x_1^2)}{r_0'} + \frac{2\,P}{r_0}\,(J_1'\,r_0 + J_1''\,x_1)$$

Das Quadrat des Primärstromes ist der Gleichung des Kreises gemäß gleich:

$$J_1{}^2 = J_1'{}^2 + J_1''{}^2 = 2\,\alpha\,J_1' + 2\,\beta\,J_1'' + \alpha^2 + \beta^2 - R^2$$

und folglich wird die Feldleistung durch ein Polynom der ersten Potenzen von J_1' und J_1'' ausgedrückt:

$$W = A\,J_1' + B\,J_1'' + C$$

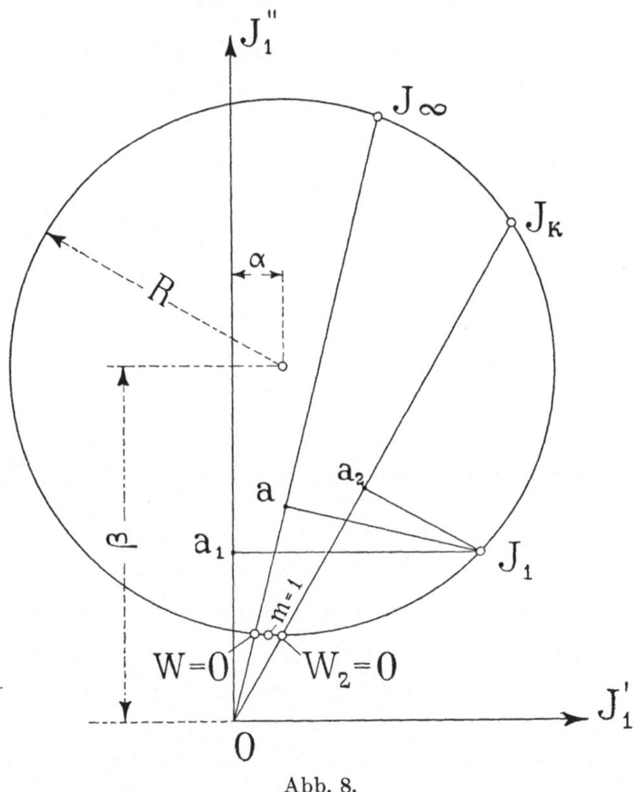

Abb. 8.

und kann in einem gewissen Maßstabe durch ein Lot aus dem Ende des primären Stromvektors auf die sogenannte Feldleistungslinie dargestellt werden:

$$W = P \,.\, K \,.\, J_1\,a.$$

Diese Leistunglinie wird durch zwei Punkte bestimmt, für die die durch das Feld dem Rotor zugeführte Leistung Null ist.

Diesen würden entsprechen, wenn der Rotor durch eine äußere Kraft gedreht werden würde, 1. mit unendlich großer Tourenzahl $m = \infty$ (ideeller Kurzschluß) und 2. mit einer Tourenzahl etwas größer als die synchrone, so daß die Kupferverluste im Rotor nur durch die äußere Kraft bestritten würden. Im ersten Falle sind die Rotorwiderstände beider Ersatzmotoren je gleich Null:

$$\frac{r_2}{1-m} = 0; \qquad \frac{r_2}{1+m} = 0$$

im zweiten Falle muß der Widerstand der zwischen A und B (Abb. 7) eingeschalteten Impedanz Null sein.

$$\overline{z_2} = \frac{\overline{z_2}\,\overline{z_0}}{\overline{z_2}+\overline{z_0}} + \frac{\overline{z_3}\,\overline{z_{\cdot}}}{\overline{z_3}+\overline{z_0}} = \frac{-\,j\,x_0\left(\dfrac{r_2}{1-m} - j x_2\right)}{\dfrac{r_2}{1-m} - j\,(x_0+x_2)}\;.$$

$$+\;\frac{-\,j\,x_0\left(\dfrac{r_2}{1+m} - j x_2\right)}{\dfrac{r_2}{1+m} - j\,(x_0+x_2)} =$$

$$=\;\frac{\left(-\,x_0\,x_2 - j\,\dfrac{x_0\,x_2}{1-m}\right)\left[\dfrac{r_2}{1-m} + j\,(x_0+x_2)\right]}{\left(\dfrac{r_2}{1-m}\right)^2 + (x_0+x_2)^2}\;+$$

$$+\;\frac{\left(-\,x_0\,x_2 - j\,\dfrac{x_0\,r_2}{1+m}\right)\left(\dfrac{r_2}{1+m} + j x_2\right)}{\left(\dfrac{r_2}{1+m}\right)^2 + (x_0+x_2)^2}\;.$$

Wenn man die reellen Teile beider Brüche heraushebt, so ist

$$\frac{\dfrac{-\,x_0\,x_2\,r_2}{1-m} + \dfrac{x_0\,(x_0+x_2)\,r_2}{1-m}}{\left(\dfrac{r_2}{1-m}\right)^2 + (x_0+x_2)^2} + \frac{\dfrac{-\,x_0\,x_2\,r_2}{1+m} + \dfrac{x_0\,(x_0+x_2)\,r_2}{1+m}}{\left(\dfrac{r_2}{1+m}\right)^2 + (x_0+x_2)^2} = 0$$

und hieraus erhält man

$$1 - m^2_{\text{w}\,=\,0} = -\,\frac{r_2{}^2}{(x_0+x_2)^2}$$

oder

$$m^2_{W=0} = 1 + \frac{r_2{}^2}{(x_0 + x_2)^2}.$$

Aus der Feldleistung läßt sich die Größe des Drehmomentes graphisch nicht ermitteln.

III. **Die Nutzleistung des Motors** (die Reibung eingeschlossen) gleicht der primär zugeführten Leistung, vermindert um die gesamten Kupfer- und Eisenverluste:

$$W_2 = W_1 - J_1{}^2 r_1 - i_e{}^2 r_0 - J_2{}^2 r_2 - J_3{}^2 r_2 = W - (J_2{}^2 + J_3{}^2)\, r_2.$$

Die Größe von $J_2{}^2 + J_3{}^2$ finden wir folgenderweise: Es ist (die Bezeichnungen sind der Schaltung in Abb. 7 entnommen):

$$\overline{J} = \overline{i_2} + \overline{J_2}$$

und

$$\overline{J_2}\,\overline{z_2} = \overline{i_2}\,\overline{z_0}.$$

Hieraus folgt

$$\overline{J}\,\overline{z_0} = \overline{J_2}\,(\overline{z_0} + \overline{z_2}),$$

oder wenn man die reellen von den imaginären Werten scheidet, erhält man 2 Gleichungen:

$$J_1{}'' x_0 = J_2{}' \frac{r_2}{1-m} + J_2{}'' (x_0 + x_2)$$

$$J_1{}' x_0 = J_2{}' (x_0 + x_2) - J_2{}'' \frac{r_2}{1-m}.$$

Die erste Gleichung multiplizieren wir mit $J_2{}''$, die zweite mit $J_2{}'$ und addieren beide; sodann ist:

$$(J'' \cdot J_2{}'' + J' \cdot J_2{}')\, x_0 = (J_2'{}^2 + J_2''{}^2)\,(x_0 + x_2) = J_2{}^2\,(x_0 + x_2).$$

Desgleichen findet man

$$(J'' J_3{}'' + J' J_3{}')\, x_0 = J_3{}^2\,(x_0 + x_2)$$

und die sekundären Kupferverluste werden dargestellt durch

$$(J_2{}^2 + J_3{}^2)\, r_2 = \frac{x_0\, r_2}{x_0 + x_2}\,[J'\,(J_2{}' + J_3{}') + J''\,(J_2{}'' + J_3{}'')].$$

Da

$$\overline{J} = \overline{i_2} + \overline{J_2} = \overline{i_3} + \overline{J_3},$$

so ist

$$\overline{J_2} + \overline{J_3} = 2\,\overline{J} - (\overline{i_2} + \overline{i_3})$$

oder

$$J_2' + J_3' = 2\,J' - (i_2' + i_3')$$

und

$$J_2'' + J_3'' = 2\,J'' - (i_2'' + i_3'').$$

Die sekundären Kupferverluste können also ausgedrückt werden:

$$(J_2{}^2 + J_3{}^2)\,r_2 = \frac{x_0\,r_2}{x_0 + x_2}\,[2\,J^2 - J'\,(i_2' + i_3') - J''\,(i_2'' + i_3'')].$$

Anderseits führt der II. Kirchhoffsche Satz für die Zweige z_1, z_0 und z_0 (Abb. 7) zu folgender Beziehung:

$$P = \overline{J_1}\,\overline{z_1} + \overline{i_2}\,\overline{z_0} + \overline{i_3}\,\overline{z_0} = (J_1' + j\,J_1'')\,(r_1 - j\,x_1) + {}$$
$$+ [(i_2' + i_3') + j\,(i_2'' + i_3'')]\,(-\,j\,x_0)$$

aus den man erhält

$$i_2' + i_3' = \frac{J_1''\,r_1 - J_1'\,x_1}{x_0}$$

und

$$i_2'' + i_3'' = \frac{P - J_1'\,r_1 - J_1''\,x}{x_0}.$$

Außerdem muß $J_2{}^2$, J' und J'' durch Komponenten des Primärstromes ausgedrückt werden:

$$\overline{J} = \overline{J_1} - \overline{i_e} = \overline{J_1} - \frac{P - \overline{J_1}\,\overline{z_1}}{r_0'}$$

$$J' + j\,J'' = \frac{(J_1' + j\,J_1'')\,(r_0' + r_1 - j\,x_1) - P}{r_0'}.$$

Diese Gleichung erlaubt zu ermitteln:

$$J' = \frac{J_1'\,(r_0' + r_1) + J_1''\,x_1 - P}{r_0'}$$

$$J'' = \frac{J_1''\,(r_0' + r_1) - J_1'\,x_1}{r_0'}$$

und

$$J^2 = \frac{J_1{}^2\,[(r_0 + r_1)^2 + x_1{}^2] - 2\,P\,[J_1'\,(r_0' + r_1') + J_1''\,x_1]}{r_0'{}^2}.$$

Wenn wir alle diese Größen in den Ausdruck für die sekundären Kupferverluste einführen:

$$(J_2{}^2 + J_3{}^2)\, r_2 = \frac{r_2}{(x_0 + x_2)\, r_0'{}^2} \Big\{ J_1{}^2 [2\,(r_0 + r_1)^2\, x_0 + 2\, x_1{}^2\, x_0 + x_1\, r_0{}^2]$$

$$- P\,[J_1'\,(4\, r_0'\, x_0 + 4\, r_1\, x_0 + r_0{}^2) + J_1''\,(4\, x_1\, x_2 + r_0'{}^2)]\Big\}$$

und ferner berücksichtigen, daß

$$J_1{}^2 = J_1'{}^2 + J_1''{}^2 = 2\,\alpha\, J_1' + 2\,\beta\, J_1' - (\alpha^2 + \beta^2 - R^2),$$

so kommen wir zu dem Resultate, daß die sekundären Kupferverluste und somit auch die Nutzleistung durch ein Polynom erster Potenzen der Watt- und wattlosen Komponenten des Primärstromes ausgedrückt wird:

$$W_2 = A_2 \cdot J_1' + B_2\, J_1'' + C_2$$

und somit in einem gewissen Maßstabe durch das Lot aus dem Ende des primären Stromvektors auf die sogenannte Nutzleistungslinie dargestellt werden kann:

$$W_2 = P \cdot K_2 \cdot J_1\, a_2.$$

Diese Linie wird bestimmt durch 2 Punkte, für welche die Nutzleistung Null ist. Diese Punkte entsprechen

1. dem Kurzschlusse $m = 0$ (der Motor steht still) und
2. dem Leerlaufe.

Die Nutzleistung des einphasigen Asynchronmotors gleicht der Summe der Nutzleistungen beider Ersatzmotoren. Die Nutzleistung des ersten Ersatzmotors gleicht der Differenz der ihm zugeführten Leistung und der Kupferverluste:

$$J_2{}^2\, \frac{r_2}{1 - m} - J_2{}^2\, r_2 = J_2{}^2\, \frac{m \cdot r_2}{1 - m}.$$

Für den zweiten Ersatzmotor ist die Nutzleistung

$$J_3{}^2\, \frac{r_2}{1 + m} - J_3{}^2\, r_2 = - J_3{}^2\, \frac{m \cdot r_2}{1 + m}.$$

Folglich ist die Nutzleistung des Einphasenmotors

$$W_2 = J_2{}^2\, \frac{m\, r_2}{1 - m} - J_3{}^2\, \frac{m\, r_2}{1 + m} = \frac{m\, r_2\,[m\,(J_2{}^2 + J_3{}^2) + (J_2{}^2 - J_3{}^2)]}{1 - m^2}.$$

Es soll nun $J_2{}^2 + J_3{}^2$ und $J_2{}^2 - J_3{}^2$ ermittelt werden. Aus der Ersatzschaltung folgt:

$$\overline{J_2}\,\overline{z_2} = \overline{i_2}\,\overline{z_0}$$

und

$$\overline{J} = \overline{J_2} + \overline{i_2}$$

und hieraus

$$\overline{J_2}\,(\overline{z_2} + \overline{z_0}) = \overline{J}\,z_0$$

oder, wenn die Größen der Ströme und Impedanzen eingesetzt werden,

$$J_2{}^2 = \frac{J^2 \cdot x_0{}^2}{\dfrac{r_2{}^2}{(1 - m)^2} + (x_0 + x_2)^2}\,.$$

Einen ähnlichen Ausdruck erhält man für die Rotorstromstärke des zweiten Ersatzmotors:

$$J_3{}^2 = \frac{J^2\,x_0{}^2}{\dfrac{r_2{}^2}{(1 + m)^2} + (x_0 + x_2)^2}\,.$$

Somit ist die Summe der Quadrate der Ströme

$$J_2{}^2 + J_3{}^2 = \frac{2\cdot J^2\,x_0{}^2 \left[\dfrac{r_2{}^2\,(1 + m^2)}{(1 - m^2)^2} + (x_0 + x_2)^2\right]}{\left[\dfrac{r_2{}^2}{(1 + m)^2} + (x_0 + x_2)^2\right]\left[\dfrac{r_2{}^2}{(1 - m)^2} + (x_0 + x_2)^2\right]}$$

und die Differenz

$$J_2{}^2 - J_3{}^2 = \frac{-\,4\,m\,J^2\,x_0{}^2\,\dfrac{r_2{}^2}{(1 - m^2)^2}}{\left[\dfrac{r_2{}^2}{(1 + m)^2} + (x_0 + x_2)^2\right]\left[\dfrac{r_2{}^2}{(1 - m)^2} + (x_0 + x_2)^2\right]}\,.$$

Diese Ausdrücke, in die Nutzleistung eingeführt, ergeben

$$W_2 = \frac{2\,m^2\,r_2\,x_0{}^2\,J^2 \left\{(x_0 + x_2)^2 - \dfrac{r_2{}^2}{1 - m^2}\right\}}{(1 - m^2)\left[\left(\dfrac{r_2}{1 + m}\right)^2 + (x_0 + x_2)^2\right]\left[\left(\dfrac{r_2}{1 - m}\right)^2 + (x_0 + x_2)^2\right]}\,.$$

Aus dieser Gleichung läßt sich die Tourenzahl bei Leerlauf berechnen; bei Leerlauf ist $W_2 = 0$ und folglich

$$1 - m^2_{W_2 = 0} = \frac{r_2{}^2}{(x_0 + x_2)^2} \quad \text{und} \quad m^2_{W_2 = 0} = 1 - \frac{r_2{}^2}{(x_0 + x_2)^2}\,.$$

Es ist interessant, diese Tourenzahl mit der Tourenzahl bei Nulleistung des Feldes zu vergleichen; wir erhalten folgende Beziehung:

$$\frac{m^2_{W\,=\,0} + m^2_{W_2\,=\,0}}{2} = 1.$$

IV. Aus dem Verhältnisse der Nutzleistung zur Feldleistung läßt sich die T o u r e n z a h l ermitteln:

$$\frac{W_2}{W} = \frac{J_2{}^2 \left(\dfrac{r_2}{1-m} - r_2\right) + J_3{}^2 \left(\dfrac{r_2}{1+m} - r_2\right)}{J_2{}^2 \dfrac{r_2}{1-m} + J_3{}^2 \dfrac{r_2}{1+m}}$$

$$= \frac{m\,[m\,(J_2{}^2 + J_3{}^2) + (J_2{}^` - J_3{}^2)]}{(J_2{}^2 + J_3{}^2) + m\,(J_2{}^2 - J_3{}^2)}.$$

Wenn die oben gefundenen Werte für $J_2{}^2 + J_3{}^2$ eingeführt werden, so ist

$$\frac{W_2}{W} = m^2\,\frac{(x_0 + x_2)^2 - \dfrac{r_2{}^2}{1-m^2}}{(x_0 + x_2)^2 + \dfrac{r_2{}^2}{1-m^2}} = m^2 \cdot \frac{1 - m^2 + (1 - m^2_{W\,=\,0})}{1 - m^2 + (1 - m^2_{W_2\,=\,0})}.$$

Nun ist die Schlüpfung bei Einphasenmotoren verhältnismäßig groß, und die Tourenzahl bei Leerlauf und Nulleistung des Feldes kann näherungsweise der synchronen Tourenzahl gleichgesetzt werden:

$$m^2_{W\,=\,0} = 1 = m^2_{W_2\,=\,0}.$$

In diesem Falle ist

$$\frac{W_2}{W} = m^2 = \frac{K_2\,J_1{}'\,a_2}{K\,.\,J_1{}'\,a}.$$

Je kleiner die Tourendifferenz bei Leerlauf und Nulleistung des Feldes ist, desto weniger unterscheiden sich die betreffenden Ströme im Statorkreise nach Größe und Phase. Werden die genannten Tourenzahlen den synchronen gleichgesetzt, so fallen die Vektoren des Statorstromes bei Leerlauf, Synchronismus und Nullleistung des Feldes zusammen. Bei solcher Annäherung ist das Kreisdiagramm eines Einphasenmotors einem solchen eines Mehrphasenmotors vollkommen ähnlich, und es können alle Ausführungen für das Kreisdiagramm des Mehrphasenmotors auch auf das Kreisdiagramm des Einphasenmotors angewandt werden. Der Unterschied würde darin bestehen, daß aus dem Diagramm nicht der Schlupf, bzw. die Tourenzahl, sondern das Quadrat der Tourenzahl abzulesen und das Drehmoment aus der Nutzleistung und der Tourenzahl durch Rechnung zu ermitteln wäre. Was die Auffindung des Leerlaufspunktes des Kreisdiagramms anbetrifft, so würde es sich empfehlen, denselben zu bestimmen durch eine der wattlosen Komponente des Leerlaufsstromes gleiche Ordinate und durch eine Abszisse, die der halben Summe der Wattströme bei Leerlauf und bei geöffnetem Rotor gleich ist.

Der einphasige Repulsionsmotor.

A. 1. Die Thomsonsche Schaltung.

Es wird ein zweipoliger Repulsionsmotor betrachtet, dessen geschlossene Stator- und Rotorwicklungen gleichartig sein sollen, mit dem Unterschiede, daß der Statorwicklung der Wechselstrom an zwei diametral entgegengesetzten Punkten zuge-

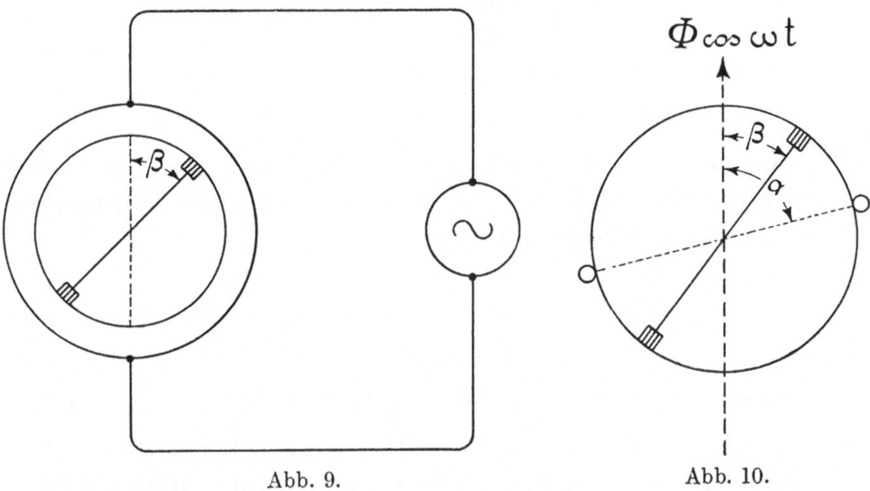

Abb. 9.   Abb. 10.

führt wird, dagegen die Rotorwicklung mit einem Kollektor versehen ist, auf dem zwei diametral kurzgeschlossene Bürsten verschiebbar aufliegen (Abb. 9).

Die von den Stator- bzw. Rotoramperewindungen erzeugten Wechselfelder werden im allgemeinen von der Sinusform abweichen; es soll jedoch angenommen werden, daß dieselben sinusförmig verteilt seien. Ferner soll der Einfluß der Kurzschlußströme, die infolge des gleichzeitigen Berührens der Bürsten zweier nebeneinander liegender Lamellen entstehen, unberücksichtigt bleiben.

3*

2. Induktion der E.M.Kräfte.

In einer Windung des Rotors, die mit der Winkelgeschwindigkeit

$$\omega_2 = 2\,\pi\,c_2 = 2\,\pi\,c\,.\,m = m\,.\,\omega$$

im Wechselfelde

$$\Phi \cos \omega\,t = \Phi \cos 2\,\pi\,c\,.\,t$$

rotiert und im Augenblick t den Winkel

$$\alpha = m\,.\,\omega\,t$$

mit der Richtung des Feldes bildet (Abb. 10), wird eine E.M.Kraft e_1 induziert:

$$e_1 = \frac{d}{d\,t}\,(\Phi \cos \omega\,t \sin m\,.\,\omega\,t) \quad . \quad . \quad . \quad . \quad . \quad 1)$$

$$e_1 = \omega\,\Phi \sin \omega\,t \sin m\,.\,\omega\,t - m\,.\,\omega\,\Phi \cos \omega\,t \cos m\,.\,\omega\,t$$

$$e_1 = 2\,\pi\,c\,\Phi \sin \omega\,t \sin \alpha - 2\,\pi\,c\,m\,\Phi \cos \omega\,t \sin \alpha \quad . \quad . \quad 2)$$

Bei einem Winkel β der Verbindungslinie der Bürsten mit der Feldrichtung ist die gesamte in jeder Hälfte induzierte E.M.Kraft (w ist die halbe Windungszahl des Ankers)

$$e = \frac{w}{\pi} \int\limits_{\beta}^{\pi+\beta} (2\,\pi\,c\,\Phi \sin \omega\,t \sin \alpha - 2\,\pi\,c\,m\,\Phi \cos \omega\,t \cos \alpha)\,d\,\alpha$$

$$e = 4\,c\,w \cos \beta\,\Phi \sin \omega\,t + 4\,m\,c\,w \sin \beta\,\Phi \cos \omega\,t \quad . \quad . \quad . \quad . \quad 3)$$

Auf Grund dieser letzten Formel kann, wie bekannt, die durch die Bürsten kurzgeschlossene Wicklung des im Wechselfelde rotierenden Ankers durch zwei hintereinander geschaltete, auf dem Ankerumfange gleichmäßig verteilte Wicklungen ersetzt werden (Abb. 11).

In den ersten mit w cos β stillstehend gedachten Windungen wird durch das sinusförmig verteilte Feld $\Phi \cos 2\,\pi\,c\,t$ die sogenannte E.M.Kraft der Pulsation:

$$e_p = 4\,c\,w \cos \beta\,\Phi \sin 2\,\pi\,c\,t$$

$$e_p = 4\,c\,w \cos \beta\,\Phi \cos (2\,\pi\,c\,t - 90)$$

induziert, deren Vektor hinter dem Vektor des Feldes um 90° zurückbleibt.

In der zweiten Wicklung, die w sin β Windungen enthält und in dem jeden Augenblick konstant gedachten sinusförmigen Felde $\Phi \cos 2 \pi c t$ mit einer Winkelgeschwindigkeit $2 \pi c m$ rotiert, wird die sogenannte E.M.Kraft der Rotation

$$e_r = 4\, c\,.\,m\,.\,w\,.\,\sin \beta\; \Phi \cos 2 \pi c t$$

induziert, deren Vektor mit dem Vektor des Wechselfeldes zusammenfällt.

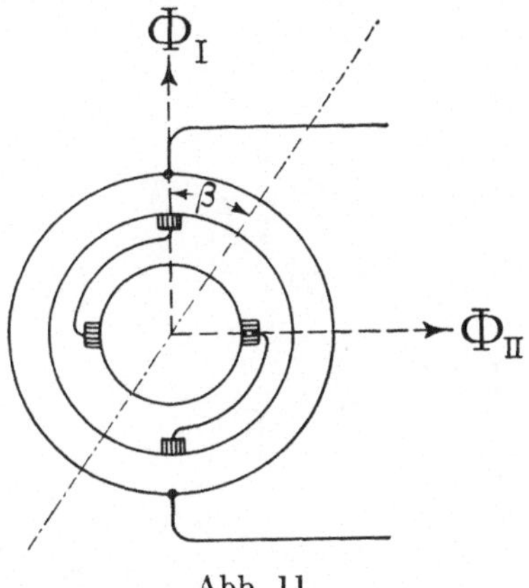

Abb. 11.

Zu beachten ist, daß das Verhältnis der Effektivwerte der E.M.Kraft der Rotation zu derjenigen der Pulsation dem Verhältnisse der Tourenzahl des Ankers zur synchronen Tourenzahl, multipliziert mit dem Tangens des Bürstenwinkels, gleicht:

$$\frac{E_r}{E_p} = m\,.\,\mathrm{tang}\,\beta \qquad \ldots \ldots \ldots \; 4)$$

Berücksichtigen wir ferner, daß der Vektor der E.M.Kraft der Rotation dem Vektor der E.M.Kraft der Pulsation um 90^0 vorauseilt, so gelangen wir unter Zuhilfenahme der komplexen Ausdrucksweise zu folgender Beziehung der beiden E.M.Kräfte:

$$\overline{E_r} = -\,j\,.\,m\,.\,\mathrm{tang}\,\beta\,.\,\overline{E_p} \qquad \ldots \ldots \; 5)$$

Es kann nun das im Luftzwischenraume des laufenden Repulsionsmotors wirkende Feld durch zwei Wechselfelder ersetzt werden, die senkrecht zueinander stehen und phasenverschoben sind (Abb. 11 und 12):

1. das die Windungen des Stators und die sogenannten Transformatorwindungen des Rotors (d. h. die gleichmäßig verteilt gedachten w cos β Windungen des Rotors) durchsetzende Längsfeld Φ_I, welches durch die Amperewindungen des Stators (mit w Windungen) und der Transformatorwicklung des Ankers (mit w cos β Windungen) zustande gebracht wird;

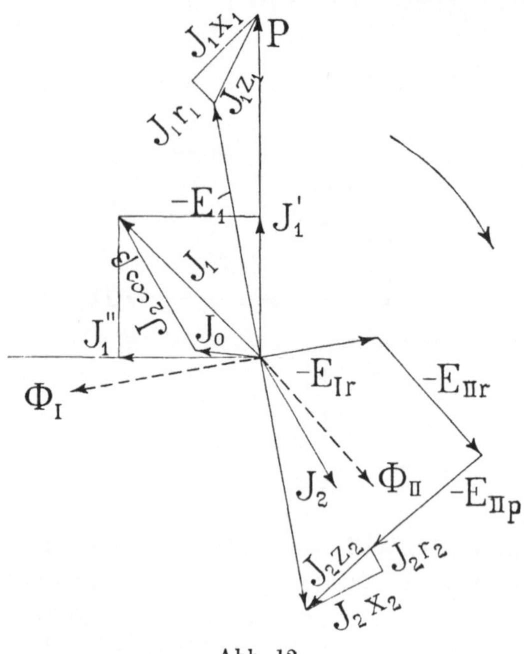

Abb. 12.

2. das Querfeld Φ_{II}, das durch die sogenannte Erreger- oder Querwicklung des Rotors (mit w sin β gleichmäßig verteilten Windungen) hervorgerufen wird.

3. Grundgleichung des Repulsionsmotors.

Die konstante primäre Klemmenspannung P besteht aus zwei Komponenten, von denen die eine der von dem Längsfelde induzierten Gegen-E.M.Kraft E_1 gleich und entgegengesetzt ist und die andere den Spannungsabfall des Statorkreises, bedingt durch den effektiver Widerstand und die Streureaktanz, bestreitet:

$$ P = \overline{J_1}\,\overline{z_1} + (-\,\overline{E_1}) \quad\ldots\ldots\ldots\ldots \quad 6) $$

$$ \overline{z_1} = r_1 - j\,x_1 $$

Die Richtung der reellen Komponenten der Spannungen und Ströme sei so gewählt, daß sie mit der primären Klemmenspannung zusammenfalle.

Der Primärstrom J_1 besteht seinerseits aus zwei Komponenten; die eine ist dem Ankerstrome der Phase nach entgegengesetzt und gleicht unter Berücksichtigung des Übersetzungsverhältnisses der Statorwindungen und der Transformatorwindungen des Rotors:

$$ -\,\overline{J_2}\,\frac{w\cos\beta}{w} = -\,\overline{J_2}\cos\beta\,; $$

die andere ergibt den Magnetisierungsstrom für das Längsfeld Φ_{I}:

$$ \overline{J_1} = \overline{J_0} + (-\,\overline{J_2}\cos\beta). $$

Zwischen der Gegen-E.M.Kraft E_1 und dem Magnetisierungsstrom J_0 besteht folgende Beziehung:

$$ -\,\overline{E_1} = \overline{J_0}\cdot\overline{z_0} \quad\ldots\ldots\ldots\ldots \quad 7) $$

wo $\overline{z_0} = r_0 - j\,x_0$ die Erregerimpedanz ist.

Aus den letzten zwei Gleichungen kann der Magnetisierungsstrom eliminiert werden:

$$ -\,\overline{E_1} = (\overline{J_1} + \overline{J_2}\cos\beta)\,\overline{z_0} \quad\ldots\ldots\ldots \quad 8) $$

Das Längsfeld Φ_{I} induziert in der Rotorwicklung außer der wirkenden E.M.Kraft der Pulsation $E_1\cos\beta$ noch eine E.M.Kraft der Rotation, die auf Grund der Gleichung 5) nach Größe und Phase ausgedrückt werden kann durch

$$ \overline{E_{\mathrm{I}\,r}} = -\,j\,m\cdot\mathrm{tang}\,\beta\cdot\overline{E_1}\cos\beta = -\,j\,m\,\overline{E_1}\sin\beta. $$

Das Querfeld Φ_{II} bleibt hinter dem Rotorstrome entsprechend dem durch die Eisenverluste bedingten Widerstande der Erregerimpedanz in der Phase zurück. Da die Erregerimpedanz für ein und denselben magnetischen Kreis sich proportional dem Quadrate der Windungszahl ändert, so ist die Erregerimpedanz für die Erreger- oder Querwicklung mit $w\sin\beta$ Windungen nicht z_0, sondern

$z_0 \sin^2 \beta$. Somit ist die durch Pulsation des Querfeldes in der Rotorwicklung induzierte E.M.Kraft nach Größe und Phase.

$$\overline{E}_{II\,p} = -\,\overline{J}_2\,\overline{z}_0 \sin^2 \beta.$$

Das Querfeld Φ_{II} induziert in der Rotorwicklung noch eine E.M.Kraft der Rotation. Da der Winkel, den die Richtung des Feldes Φ_{II} mit der Verbindungslinie der Bürsten bildet (Abb. 11),

$$-\,(90 - \beta)$$

ist, so gleicht diese E.M.Kraft der Rotation auf Grund der Gleichung 5):

$$\overline{E}_{II\,r} = -\,j\,m\,\mathrm{tang}\,(\beta - 90)\,(-\,\overline{J}_2\,\overline{z}_0 \sin^2 \beta)$$

$$\overline{E}_{II\,r} = -\,j\,m\,\overline{J}_2\,\overline{z}_0 \sin \beta \cos \beta.$$

Nun muß die wirkende, durch Pulsation des Längsfeldes Φ_I in der Ankerwicklung induzierte E.M.Kraft den drei letzten E.M.Kräften das Gleichgewicht halten (d. h. gleiche und entgegengesetzte Komponenten ergeben) und außerdem noch den Spannungsabfall, bedingt durch den effektiven Widerstand und die Streureaktanz des Rotorkreises, bestreiten:

$$\overline{E}_1 \cos \beta = -\,\overline{E}_{I\,r} - \overline{E}_{II\,p} - \overline{E}_{II\,r} + \overline{J}_2\,\overline{z}_2.$$

Nach Einsetzung der entsprechenden Werte erhält man folgende Beziehung für den Rotorkreis:

$$\overline{E}_1\,(\cos \beta - j\,m \sin \beta) = \overline{J}_2\,(\overline{z}_2 + \overline{z}_0 \sin^2 \beta + j\,m\,z_0 \sin \beta \cos \beta) \qquad . \quad 9)$$

Unter Zuhilfenahme der Gleichung 8):

$$-\,\overline{E}_1 = (\overline{J}_1 + \overline{J}_2 \cos \beta)\,\overline{z}_0 \quad . \quad . \quad . \quad . \quad . \quad 8)$$

kann $\overline{E}_1$ ausgeschlossen und das Verhältnis zwischen $\overline{J}_1$ und $\overline{J}_2$ gefunden werden:

$$(\overline{J}_1 + \overline{J}_2 \cos \beta)\,z_0\,(\cos \beta - j\,m \sin \beta) =$$

$$= \overline{J}_2\,(\overline{z}_2 + \overline{z}_0 \sin^2 \beta + j\,m\,z_0 \sin \beta \cos \beta)$$

$$\overline{J}_2 = -\,\overline{J}_1\,\frac{\overline{z}_0}{\overline{z}_0 + \overline{z}_2}\cdot(\cos \beta - j\,m\,.\,\sin \beta) \quad . \quad . \quad . \quad 10)$$

Gleichung 6) und 8) ergeben:

$$P = \overline{J}_1\,\overline{z}_1 + (\overline{J}_1 + \overline{J}_2 \cos \beta)\,\overline{z}_0 \quad . \quad . \quad . \quad . \quad 11)$$

Wenn wir jetzt in der letzten Gleichung $\overline{J}_2$ durch $\overline{J}_1$ ersetzen, so gelangen wir zu folgender Grundgleichung für den Repulsionsmotor:

$$P = \overline{J}_1 \left\{ \frac{\overline{z}_0\,\overline{z}_1 + \overline{z}_1\,\overline{z}_2 + \overline{z}_2\,\overline{z}_0}{\overline{z}_0 + \overline{z}_2} + \frac{\overline{z}_0{}^2}{\overline{z}_0 + \overline{z}_2} \cdot \sin^2 \beta + \right.$$

$$\left. + j\,m\,\frac{\overline{z}_0{}^2}{\overline{z}_0 + \overline{z}_2}\, \sin \beta \cos \beta \right\} \quad \ldots \ldots \quad 12)$$

Diese Gleichung erlaubt, den Primärstrom nach Größe und Phase bei verschiedenen Bürstenstellungen in Abhängigkeit von der Tourenzahl (in synchronen Touren gemessen) zu ermitteln.

4. Das Kreisdiagramm.

Wir führen in die Grundgleichung für die vektorellen Größen deren Ausdrücke durch Komplexe reeller und imaginärer Werte ein, wobei die konstante Primärspannung in die Richtung der Achse der reellen Werte gelegt sei.

Der Abkürzung halber bezeichnen wir:

$$\frac{\overline{z}_0\,\overline{z}_1 + \overline{z}_1\,\overline{z}_2 + \overline{z}_2\,\overline{z}_0}{\overline{z}_0 + \overline{z}_2} = A - j\,B$$

und

$$\frac{\overline{z}_0{}^2}{\overline{z}_0 + \overline{z}_2} = C - j\,D.$$

Die Grundgleichung des Repulsionsmotors:

$$P = (J_1' + j\,J_1'')\,[A - j\,B + (C - j\,D)\sin^2 \beta +$$

$$+ j\,m\,(C - j\,D)\sin \beta \cos \beta] \quad \ldots \ldots \quad 12\,a)$$

zerfällt in zwei Gleichungen:

$$P = J_1'\,(A + C^2 \sin^2 \beta + m\,D \sin \beta \cos \beta) +$$

$$+ J_1''\,(B + D \sin^2 \beta - m\,C \sin \beta \cos \beta)$$

$$O = J_1''\,(B + D \sin^2 \beta - m\,C \sin^2 \beta \cos \beta -$$

$$- J_1''\,(A + C \sin^2 \beta + m\,D \sin \beta \cos \beta).$$

Aus diesen zwei Gleichungen kann die variable Tourenzahl eliminiert werden:

$$\frac{P - J_1'\,(A + C\sin^2\beta) - J_1''\,(B + D\sin^2\beta)}{J_1'\,D - J_1''\,C} =$$

$$= \frac{J_1'\,(B + D\sin^2\beta) - J_1''\,(A + C\sin^2\beta)}{J_1'\,C + J_1''\,D}$$

oder

$$J_1'^{\,2} + J_1''^{\,2} - \frac{P\,.\,C\,.\,J_1'}{A\,C + B\,D + (C^2 + D^2)\sin^2\beta} -$$

$$- \frac{P\,.\,C\,.\,J_1''}{A\,C + B\,D + (C^2 + D^2)\sin^2\beta} = 0.$$

Wenn J_1' und J_1'' als Koordinaten des Vektorendes des Primärstromes aufgefaßt werden, so stellt diese Gleichung die Gleichung des geometrischen Ortes dar, den das Ende des Primärstromes bei verschiedenen Tourenzahlen, aber bei konstanter Bürstenstellung, beschreibt. Diese Gleichung ergibt einen Kreis, der durch den Koordinatenanfang geht (Abb. 13):

$$J_1'^{\,2} + J_1''^{\,2} - 2\,\alpha\,J_1' - 2\,\beta\,J_1'' = 0 \quad \ldots \ldots \quad 13)$$

Die Koordinaten des Mittelpunktes sind:

$$\alpha_1 = \frac{P}{2} \cdot \frac{C}{A\,C + B\,D + (C^2 + D^2)\sin^2\beta}$$

$$\beta_1 = \frac{P}{2} \cdot \frac{D}{A\,C + B\,D + (C^2 + D^2)\sin^2\beta}$$

und der Radius des Kreises ist:

$$R = \sqrt{\alpha^2 + \beta^2}.$$

Somit ist das Kreisdiagramm für den Repulsionsmotor bewiesen, d. h. jedem Winkel β entspricht ein besonderer Arbeitskreis. Die Mittelpunkte aller dieser Arbeitskreise liegen auf einer durch den Anfangspunkt gehenden Geraden (Abb. 13), die mit der Abszissenachse einen Winkel bildet, dessen Tangens

$$\operatorname{tang}\psi_1 = \frac{\beta_1}{\alpha_1} = \frac{D}{C} = \text{Const.}$$

5. Kurzschlußkreis.

Es läßt sich auch beweisen, daß die sogenannten Kurzschlußströme, d. h. die Ströme bei verschiedenen Bürstenstellungen des stillstehenden Motors, sich nach einem Kreise bewegen. Um dieses zu beweisen, ist in der Gleichung 12 a) m gleich Null zu setzen:

$$P = (J'_k + j\, J''_k)\,[A - j\,B + (C - j\,D)\sin^2\beta]$$

oder

$$P = J'_k\,(A + C\sin^2\beta) + J''_k\,(B + D\sin^2\beta)$$

$$0 = J'_k\,(B + D\sin^2\beta) - J''_k\,(A + C\sin^2\beta).$$

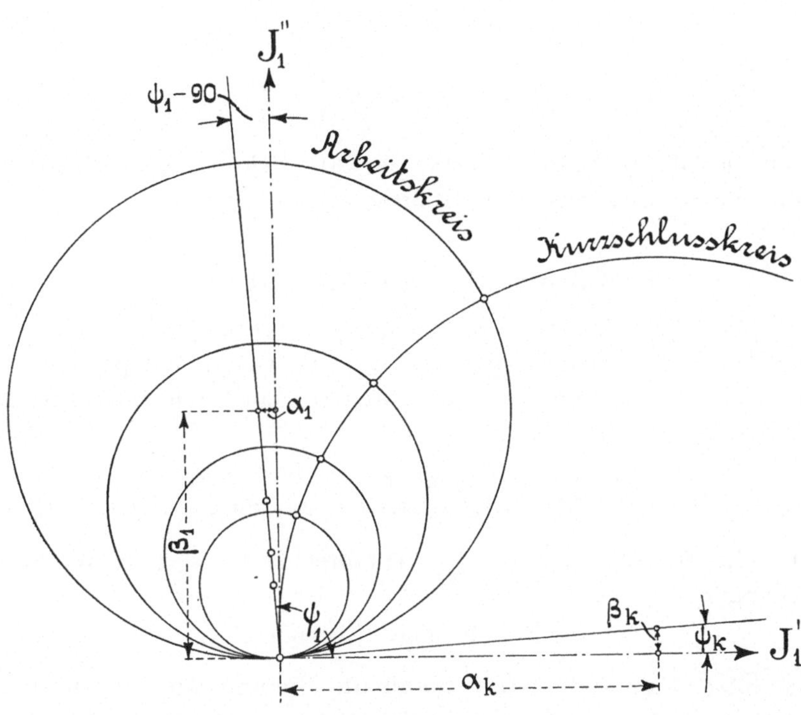

Abb. 13.

Wenn aus den letzten zwei Gleichungen $\sin^2\beta$ ausgeschlossen wird, so erhält man wiederum die Gleichung eines Kreises, der durch den Anfangspunkt geht:

$$J'^2_k + J''^2_k - \frac{P \cdot D \cdot J'_k}{A\,D - B\,C} + \frac{P \cdot C \cdot J''_k}{A\,D - B\,C} = 0.$$

Die Zentrumskoordinaten des Kurzschlußkreises sind:

$$\alpha_k = \frac{P}{2} \cdot \frac{D}{A\,D - B\,C}$$

$$\beta_k = -\frac{P}{2} \cdot \frac{C}{A\,D - B\,C}$$

Die Verbindungslinie des Zentrums des Kurzschlußkreises mit dem Koordinatenanfang steht senkrecht zur Mittelpunktslinie der Arbeitskreise:

$$\operatorname{tang} \psi_k = -\frac{C}{D}$$

$$\operatorname{tang} \psi_1 \cdot \operatorname{tang} \psi_k + 1 = -\frac{C}{D} \cdot \frac{D}{C} + 1 = 0.$$

Somit ist die Mittelpunktslinie der Arbeitskreise eine Tangente zum Kurzschlußkreise im Koordinatenanfang.

6. Konstruktion des Arbeitskreises.

Sind J_{k1} und J_{k2} die Kurzschlußströme bei zwei verschiedenen Bürstenstellungen und φ_{k1} und φ_{k2} die entsprechenden Phasenverschiebungen, so kann $\operatorname{tang} \psi_k$ nach folgender Formel ermittelt werden:

$$\operatorname{tang} \psi_k = \frac{J_{k1}\,\cos\,\varphi_{k2} - J_{k2}\,\cos\,\varphi_{k1}}{J_{k1}\,\sin\,\varphi_{k2} - J_{k2}\,\sin\,\varphi_{k1}} .$$

Sind die Ströme J_{k0} und J_{k90} entsprechend den zwei Bürstenstellungen

$$\beta = 0 \quad \text{und} \quad \beta = 90$$

(der letzte Fall findet statt, wenn die Bürsten aufgehoben sind) aus dem Versuche nach Größe und Phase ermittelt, so kann der Kurzschlußstrom durch eine einfache Konstruktion für eine beliebige Bürstenstellung aus dem Diagramm graphisch gefunden und folglich der Arbeitskreis für diese Bürstenstellung konstruiert werden.

Es sei in Abb. 14 der Kreis $O\,J_{k90}\,J_{k0}$ der Diagrammkreis der Ströme bei Stillstand des Motors.

Eine beliebige zur Linie $O\,O_k$ senkrechte Gerade a g schneidet auf den Richtungen der Ströme in einem gewissen Maßstabe die entsprechenden Impedanzen ab. Dieses folgt aus der

Theorie der Inversion: die zwei ähnlichen Dreiecke $O J_k f$ und $O g d$ ergeben

$$O d . O J_k = O g . O f = \text{Const.}$$

Anderseits ist

$$z_k . J_k = z_k O J_k = P = \text{Const.}$$

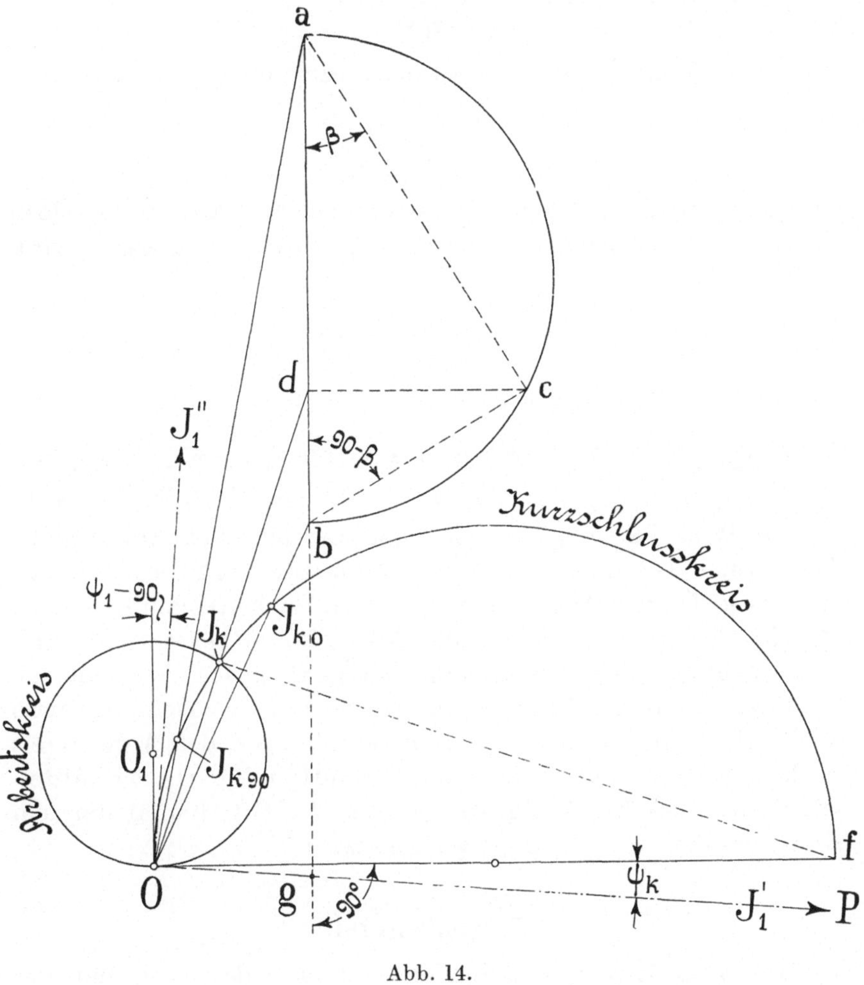

Abb. 14.

Folglich ist $O d$ in einem gewissen Maßstabe die variable Impedanz des stillstehenden Motors bei verschiedenen Bürstenstellungen.

Die Impedanzen für die Grenzstellungen der Bürsten bei Stillstand des Motors, $\beta = 90$ und $\beta = 0$, sind nach Gleichung 12):

$$\overline{Oa} = \frac{P}{\overline{J}_{k\,90}} = \frac{\overline{z}_0\,\overline{z}_1 + \overline{z}_1\,\overline{z}_2 + \overline{z}_2\,\overline{z}_0}{\overline{z}_0 + \overline{z}_2} + \frac{\overline{z}_0{}^2}{\overline{z}_0 + \overline{z}_2} = \overline{z}_1 + \overline{z}_0$$

$$\overline{Ob} = \frac{P}{\overline{J}_{k\,0}} = \frac{\overline{z}_0\,\overline{z}_1 + \overline{z}_1\,\overline{z}_2 + \overline{z}_2\,\overline{z}_0}{\overline{z}_0 + \overline{z}_2} = \overline{z}_1 + \frac{\overline{z}_0\,\overline{z}_2}{\overline{z}_0 + \overline{z}_2}$$

Auf der Differenz dieser beiden Impedanzen, die durch die Strecke

$$\overline{b\,a} = \frac{\overline{z}_0{}^2}{\overline{z}_0 + \overline{z}_2}$$

dargestellt wird, schlagen wir als auf einem Durchmesser einen Kreis auf. Wenn jetzt im Punkte a der Winkel β abgesteckt wird, so ist

$$\overline{b\,d} = \frac{\overline{z}_0{}^2}{\overline{z}_0 + \overline{z}_2}\,\sin^2\beta$$

und somit stellt die Strecke

$$\overline{O\,d} = \overline{O\,b} + \overline{b\,d} = \frac{\overline{z}_0\,\overline{z}_1 + \overline{z}_1\,\overline{z}_2 + \overline{z}_2\,\overline{z}_0}{\overline{z}_0 + \overline{z}_2} + \frac{\overline{z}_0{}^2}{\overline{z}_0 + \overline{z}_2}\,\sin^2\beta$$

die dem Winkel β entsprechende Impedanz dar. Der Schnittpunkt dieser Linie O d mit dem Kurzschlußkreise ergibt nach Größe und Phase den dem Winkel β entsprechenden Kurzschlußstrom J_k. Da die Mittelpunktslinie für die Arbeitskreise bekannt ist, und letztere durch den Koordinatenanfang O gehen, so gibt die Kenntnis des dem Winkel β entsprechenden Kurzschlußstromes die Möglichkeit, für beliebige Bürstenstellungen den Arbeitskreis zu konstruieren, indem aus dem Schnittpunkte O_1 der Mittelsenkrechten des Kurzschlußstromes mit der Mittelpunktslinie ein Kreis mit dem Radius $O\,O_1$ gezogen wird.

7. Tourenzahl.

Die Impedanz des laufenden Motors ändert sich mit der Tourenzahl. Unter Anwendung des Satzes, daß beim Kreisdiagramm, das durch den Koordinatenanfang geht, eine zum Durchmesser senkrechte Gerade auf den Stromrichtungen den Impedanzen proportionale Strecken abschneidet, gelangen wir zu dem

Schlusse, daß, wenn wir die den verschiedenen Tourenzahlen entsprechenden Impedanzen (bei konstanter Bürstenstellung) auf den Stromrichtungen in demselben Maßstabe wie im vorigen Paragraphen ablegen, wir eine Gerade erhalten, die durch den Punkt d geht und senkrecht zu $O\,O_1$ ist (Abb. 15).

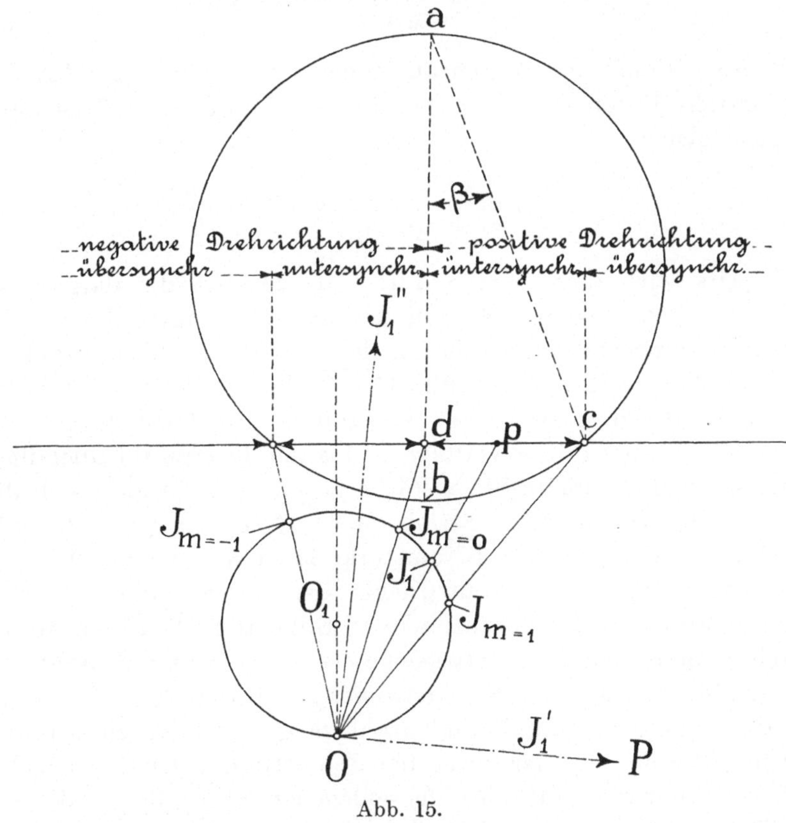

Abb. 15.

Es sei bei einer Tourenzahl m die Impedanz durch die Strecke $O\,p$ gegeben. Nach Gleichung 12) muß $O\,p$ gleich sein

$$\overline{O\,p} = \frac{\overline{z_0}\,\overline{z_1} + \overline{z_1}\,\overline{z_2} + \overline{z_0}\,\overline{z_2}}{\overline{z_0} + \overline{z_2}} +$$

$$+ \frac{\overline{z_0}^2}{\overline{z_0} + \overline{z_2}}\,\sin^2 \beta + j\,m\,\frac{\overline{z_0}^2}{\overline{z_0} + \overline{z_2}}\,\sin \beta \cos \beta.$$

Unter Berücksichtigung, daß

$$O\,d \;=\; \frac{\overline{z_0}\,\overline{z_1} + \overline{z_1}\,\overline{z_2} + \overline{z_0}\,\overline{z_2}}{\overline{z_0} + \overline{z_2}} + \frac{\overline{z_0}^{\,2}}{\overline{z_0} + \overline{z_2}}\sin^2\beta$$

erhalten wir, daß die Strecke

$$\overline{d\,p} \;=\; j\,m\,\frac{\overline{z_0}^{\,2}}{\overline{z_0} + \overline{z_2}}\sin\beta\,.\,\cos\beta$$

sich proportional der Tourenzahl ändert und folglich als Maß der Tourenzahl dienen kann. Bei synchronem Laufe, $m = 1$, ist diese Strecke gleich

$$j\,.\,\frac{\overline{z_0}^{\,2}}{\overline{z_0} + \overline{z_2}}\sin\beta\,.\,\cos\beta$$

anderseits wird diese Größe durch die Strecke d c dargestellt. Folglich, wenn d c in 100 Teile geteilt wird, ergibt die Strecke d p die Tourenzahl in Prozenten der synchronen Tourenzahl.

Die Konstruktion der Abb. 15 erlaubt, die Veränderung des primären Stromvektors bei konstanter Bürstenstellung und variabler Tourenzahl zu verfolgen. Ist die Tourenzahl unendlich groß, so ist die primäre Stromstärke gleich Null. Ändert sich die Tourenzahl von $m = +\infty$ bis $m = 1$, so wandert das Ende des Vektors der primären Stromstärke längs des Bogens $O\,J_{m=1}$. Der Bogen $J_{m=1}\,J_{m=0}$ entspricht den Tourenzahlen in den Grenzen zwischen Synchronismus und Stillstand. Wird der Motor durch äußere Kraft in entgegengesetzter Richtung gedreht, so beschreibt das Ende des Primärstromes den Bogen $J_{m=0}\,J_{m=-1}\,O$. Ist die Tourenzahl der Periodenzahl gleich, so erhalten wir den Stromvektor $J_{m=-1}$, der durch den Schnittpunkt der Tourenzahllinie d p c mit dem auf a b aufgeschlagenen Kreise liegt. Wächst die Tourenzahl von $m = -1$ bis $m = -\infty$, so liegen die Enden des primären Stromes auf dem Bogen $J_{m=-1}\,O$.

8. Analytischer Ausdruck für das Drehmoment.

Wir gehen von der Gleichung 9) aus, die uns den Zusammenhang zwischen der sekundären Stromstärke und der vom Längsfelde im Rotor induzierten E.M.Kraft ergeben kann.

$$\overline{E_1}\,(\cos\beta - j\,m\sin\beta) \;=\; \overline{J_2}\,(\overline{z_2} + \overline{z_0}\sin^2\beta + j\,m\,\overline{z_0}\sin\beta\cos\beta) \quad .\quad 9)$$

Wir wählen für diesen Fall ein solches Koordinatensystem, in dem die Achse der reellen Größen mit der Richtung der sekundären Stromstärke zusammenfalle. Nach Einsetzung der Ausdrücke für die Impedanzen nimmt die letzte Gleichung folgende Form an:

$$(E_1' + j\,E_1'')\,[\cos\beta - j\,m\sin\beta] = J_2\,[r_2 - j\,x_2 + (r_0 - j\,x_0)\sin^2\beta +$$
$$+ j\,m\,(r_0 - j\,x_0)\sin\beta\cos\beta]$$

welche nach Absondern der reellen und imaginären Werte in 2 Gleichungen zerfällt:

$$E_1'\cos\beta + m\,E_1''\sin\beta = J_2\,(r_2 + r_0\sin^2\beta + m\,x_0\sin\beta\cos\beta)$$
$$E_1'\,m\sin\beta - E_1''\cos\beta = J_2\,(x_2 + x_0\sin^2\beta - m\,r_0\sin\beta\cos\beta).$$

Die wirkende E.M.K. des Rotors, d. h. die E.M.K., die vom Längsfelde im Rotor induziert wird, hängt von der Bürstenstellung ab und gleicht $\overline{E_1}\cos\beta$. Die Wattkomponente dieser E.M.K. $E_1'\cos\beta$ kann aus den beiden letzten Gleichungen ermittelt werden:

$$E_1'\cos\beta =$$
$$= J_2\,\frac{(r_2 + r_0\sin^2\beta)\cos^2\beta + m\,(x_0 + x_2)\sin\beta\cos\beta - m^2\,r_0\sin^2\beta\cos^2\beta}{\cos^2\beta + m^2\sin^2\beta}.$$

Nach Multiplikation beider Teile mit J_2 erhalten wir die durch Induktion dem Rotor übertragene Leistung. Nach Abzug der Verluste im Ankerkreise

$$J_2{}^2\,(r_2 + r_0\sin^2\beta)$$

gelangen wir zur Nutzleistung des Motors:

$$W_2 = J_2{}^2\,\frac{m\,(x_0 + x_2)\sin\beta\cos\beta - m^2\,(r_0 + r_2)\sin^2\beta}{\cos^2\beta + m^2\sin^2\beta}$$

$$W_2 = J_2{}^2\,m\,\mathrm{tang}\,\beta\,\frac{(x_0 + x_2) - m\,(r_0 + r_2)\,\mathrm{tang}\,\beta}{1 + m^2\,\mathrm{tang}^2\,\beta}$$

Dividieren wir beide Teile mit der Winkelgeschwindigkeit $2\,\pi\,c\,m$, so erhalten wir den Ausdruck für das Drehmoment in Joule gemessen:

$$D = J_2{}^2\,\frac{\mathrm{tg}\,\beta}{2\,\pi\,c}\,\frac{(x_0 + x_2) - m\,(r_0 + r_2)\,\mathrm{tg}\,\beta}{1 + m^2\,\mathrm{tg}^2\,\beta} \qquad . \quad . \quad 14)$$

Das Anfangsdrehmoment wird gefunden, wenn in der letzten Gleichung m gleich Null gesetzt wird:

$$D_k = J_2{}^2 \frac{\operatorname{tg} \beta \,(x_0 + x_2)}{2\,\pi\,c} \quad . \quad . \quad . \quad . \quad . \quad 15)$$

Um $J_2{}^2$ durch den Kurzschlußstrom J_k auszudrücken, wenden wir uns zur Gleichung 10), und setzen $m = 0$:

$$\overline{J_2} = -\overline{J}_k \frac{\overline{z_0}}{\overline{z_0} + \overline{z_2}} \cos \beta$$

Diese Gleichung führt zur folgenden Beziehung:

$$J_2{}^2 = J_k{}^2 \frac{(r_0{}^2 + x_0{}^2)\cos^2 \beta}{(r_0 + r_2)^2 + (x_0 + x_2)^2} \,.$$

Auf diese Weise gelangt man zu einem einfachen Ausdruck für das Anzugsdrehmoment:

$$D_k = J_k{}^2 \frac{(x_0 + x_2)\,(r_0{}^2 + x_0{}^2)}{2\,\pi\,c\,[(r_0 + r_2)^2 + (x_0 + x_2)^2]} \sin \beta \cos \beta =$$
$$= \text{Const. } J_k{}^2 \sin \beta \cos \beta \quad . \quad . \quad 16)$$

9. Leerlaufskreis.

Der leerlaufende Motor entwickelt kein Drehmoment, infolgedessen erhalten wir für die Gleichung 14):

$$D = J_2{}^2 \frac{\operatorname{tg} \beta}{2\,\pi\,c} \frac{(x_0 + x_2) - m_0\,(r_0 + r_2)\operatorname{tg} \beta}{1 + m^2 \operatorname{tg}^2 \beta} = 0.$$

Dieses besagt, daß bei Leerlauf folgende Beziehung

$$(x_0 + x_2) - m_0\,(r_0 + r_2)\operatorname{tg} \beta = 0$$

stattfindet, die die Abhängigkeit der Tourenzahl bei Leerlauf von der Größe des Bürstenwinkels ergibt:

$$m_0 = \frac{x_0 + x_2}{r_0 + r_2} \cdot \frac{1}{\operatorname{tg} \beta} \quad . \quad . \quad . \quad . \quad . \quad . \quad 17)$$

Die Größe $\dfrac{x_0 + x_2}{r_0 + r_2} = \operatorname{tg} \vartheta$ könnte experimentell ermittelt werden, indem der Primärkreis abgeschaltet, die Bürstenverbindung aufgeschnitten und die Bürsten an die Linienspannung gelegt werden. Der dabei aus den Spannungs-, Strom- und Leistungsmessungen zu berechnende Phasenverschiebungswinkel zwischen Spannung und Strom gleicht ϑ.

$$m_0 = \frac{\operatorname{tang} \vartheta}{\operatorname{tang} \beta} \quad . \quad . \quad . \quad . \quad . \quad . \quad . \quad 18)$$

Auf dem Diagramm erhalten wir die Tourenzahl bei Leerlauf, indem wir bei a den Winkel ϑ auftragen und den Schnittpunkt mit d c aufsuchen (Abb. 16):

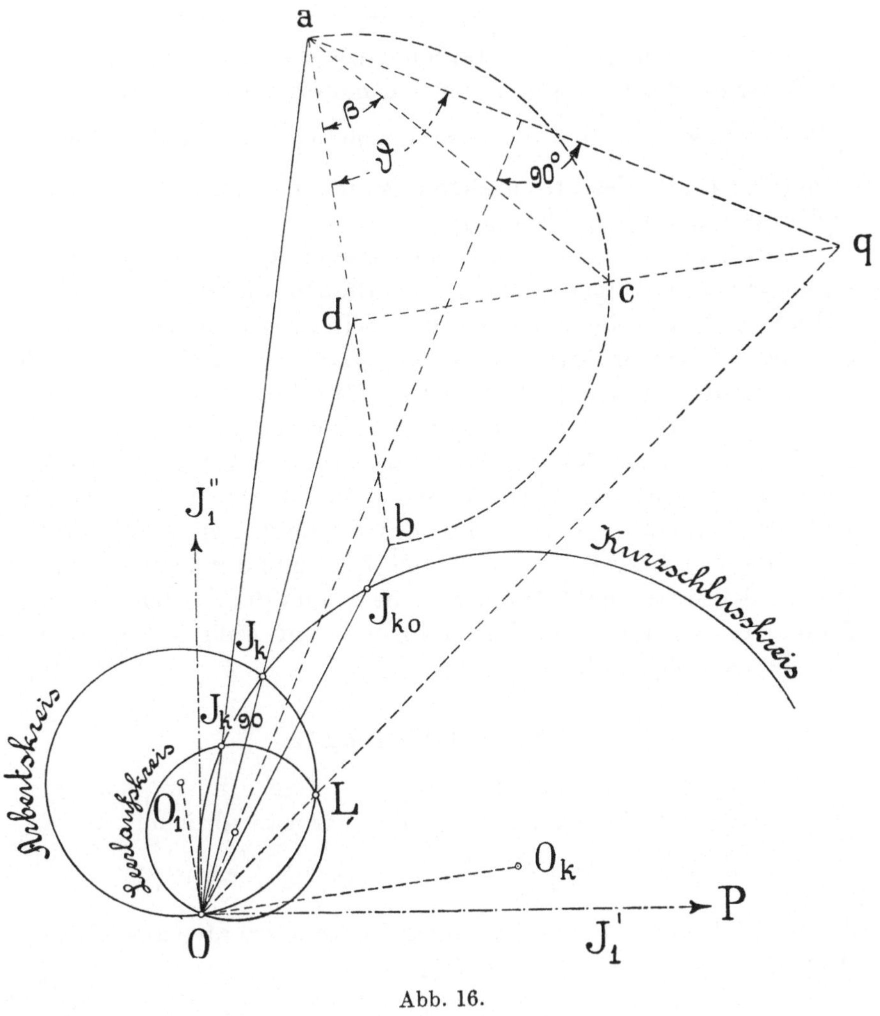

Abb. 16.

$$d\,q = a\,d\,\tan\vartheta = \frac{d\,c}{\operatorname{tg}\beta}\cdot\tan\vartheta$$

und da die Linie d e der Einheit (der synchronen Tourenzahl) gleicht, so ist d q die Tourenzahl bei Leerlauf.

4*

Wenn wir den Punkt q mit dem Koordinatenanfang verbinden, so ergibt der Schnittpunkt mit dem Arbeitskreise den dem Winkel β entsprechenden Leerlaufsstrom. Die Enden des Leerlaufsstromes bei verschiedenen Bürstenstellungen bilden einen Kreis.

Dieses kann bewiesen werden entweder dadurch, daß man in die Grundgleichung des Repulsionsmotors anstatt m die Größe $\dfrac{\operatorname{tg} \vartheta}{\operatorname{tg} \beta}$ einsetzt, und daß der Zusammenhang zwischen den Koordinaten des Endes des Stromvektors gefunden wird, oder noch einfacher durch folgende Überlegung.

Verbinden wir die Punkte der Geraden a q mit dem Koordinatenanfang, so ergeben die so erhaltenen Strecken die Impedanzen des leerlaufenden Motors bei verschiedenen Bürstenstellungen. Diesen Impedanzen entspricht ein Kreis, der durch den Koordinatenanfang geht. Der Mittelpunkt dieses Kreises liegt auf dem aus dem Punkte O auf die Gerade a q gefällten Lote. Da J_{k90}, das Ende des primären Stromvektors bei aufgehobenen Bürsten ($\beta = 90$), auf dem Leerlaufskreise liegen muß, so ergibt sich eine einfache Konstruktion des Leerlaufskreises. Derselbe bestimmt durch zwei Punkte, O und J_{k90}, und durch eine Gerade, auf der der Mittelpunkt des Kreises liegt, und die das Lot aus dem Punkte O auf eine unter dem Winkel ϑ zur Linie a b gezogene Gerade darstellt.

10. Nutzleistung.

Die Nutzleistung des Motors erhält man, indem man von der primär zugeführten Leistung alle Verluste abzieht:

$$W_2 = P\,J_1' - J_1^2\,r_1 - J_0^2\,r_0 - J_2^2\,(r_2 + r_0 \sin^2 \beta).$$

J_0^2 und J_2^2 lassen sich durch J_1 und deren Komponenten ausdrücken. Aus den Gleichungen 6) und 7) folgt:

$$P = \overline{J_1}\,\overline{z_1} + \overline{J_0}\,\overline{z_0}.$$

Diese Gleichung zerfällt in

$$J_0'\,r_0 + J_0''\,x_0 = P - J_1'\,r_0 - J_1''\,x_1$$

$$J_0'\,x_0 - J_0''\,r_0 = J_1''\,r_0 - J_1'\,x_1,$$

aus denen J_0' und J_0'' und folglich auch J_0^2 ermittelt werden kann:

$$J_0^2 = J_0'^2 + J_0''^2 = \frac{P^2 + J_1^2\,(r_1^2 + x_1^2) - 2\,P\,J_1'\,r_1 - 2\,P\,J_1''\,x_1}{r_0^2 + x_0^2}.$$

Aus den Gleichungen 6) und 8) läßt sich E_1 eliminieren; dieses führt zu einer Gleichung

$$P = \overline{J_1\,z_1} + (\overline{J_1} + J_2 \cos \beta)\,\overline{z_0},$$

welche wiederum in 2 Gleichungen zerfällt:

$$P = J_1'\,(r_0 + r_1) + J_1''\,(x_0 + x_1) + (J_2'\,r_0 + J_2''\,x_0)\cos\beta$$

$$O = J_1'\,(x_0 + x_1) - J_1''\,(r_0 + r_1) + (J_2'\,x_0 - J_2''\,r_0)\cos\beta,$$

aus denen J_2^2 bestimmt werden kann:

$$J_2^2 = J_2'^2 + J_2''^2 =$$

$$\frac{P^2 + J_1^2\,[(r_0 + r_1)^2 + (x_0 + x_1)^2] - 2\,P\,J_1'\,(r_0 + r_1) - 2\,P\,J_1''\,(x_0 + x_1)}{(r_0^2 + x_0^2)\cos^2\beta}$$

Wenn jetzt die gefundenen Werte für J_0^2 und J_2^2 in den Ausdruck für die Nutzleistung eingeführt werden und außerdem berücksichtigt wird, daß nach Gleichung 13)

$$J_1^2 = J_1'^2 + J_1''^2 = 2\,\alpha\,J_1' + 2\,\beta\,J_1'',$$

so erhält man für die Nutzleistung W_2 ein Polynom erster Potenzen von J_1' und J_1'':

$$W_2 = P\,(A_2\,J_1' + B_2\,J_1'' + C_2).$$

Die Größen der Nutzleistungen bei konstanter Bürstenstellung können, wie für den mehrphasigen Asynchronmotor gezeigt wurde, in einem gewissen Maßstabe durch parallele Strecken vom Vektorende des Primärstromes bis zur sogenannten Nutzleistungslinie aus dem Diagramm abgelesen werden. Die Nutzleistungslinie für jede Bürstenstellung wird durch die Schnittpunkte des Arbeitskreises mit den Kurzschluß- und Leerlaufskreisen bestimmt. Die Strecken, die die Nutzleistung darstellen, wählen wir parallel der Tourenzahllinie $d\,c \parallel O\,O_k$ (Abb. 16 und 17).

Wir können also schreiben:

$$W_2 = P \cdot K_2\,J_1\,b_2. \qquad\qquad\qquad 19$$

Wie aus dem folgenden Paragraphen ersichtlich sein wird, ist

$$K_2 = \sin \vartheta$$

wobei ϑ der Phasenverschiebungswinkel zwischen Spannung und Strom ist, wenn an die Linienspannung die Bürsten des Rotors gelegt würden. Gewöhnlich liegt ϑ nahe an 90^0.

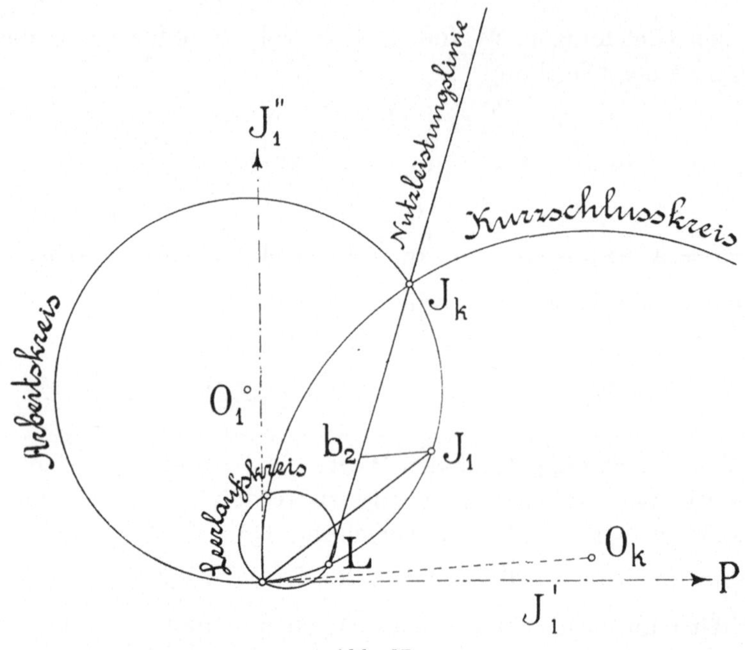

Abb. 17.

11. Drehmoment.

Zieht man am Ende des Kurzschlußstromes J_k (Abb. 18) eine Linie $J_k\,p_1$ parallel zu $d\,q$ und $J_1\,b_2$ bis zum Schnittpunkte mit der Stromrichtung $O\,J_1$ und durch den Punkt b_2 eine Linie $b_2\,h_2$ parallel zur Stromrichtung $O\,J_1$, so erhalten wir aus den ähnlichen Dreiecken $p_1\,J_k\,O$ und $p\,d\,O$, $J_1\,b_2\,l$ und $p_1\,J_k\,l$:

$$\frac{J_1\,b_2}{J_k\,p_1} = \frac{l\,b_2}{l\,J_k}$$

$$\frac{p_1\,J_k}{p\,d} = \frac{O\,J_k}{O\,d}.$$

Multipliziert man beide Proportionen, so ist

$$\frac{J_1\,b_2}{p\,d} = \frac{l\,b_2}{l\,J_k} = \frac{O\,J_k}{O\,d}.$$

a
d
c
p
J_1''
J_k
Kurzschlusskreis
Arbeitskreis
O_t
h
b
J_{m=1}
b_2
J_1
P_1
Leerlaufskreis
h_2
l
O
L
O_k
P
J_1'
Nutzleistungslinie

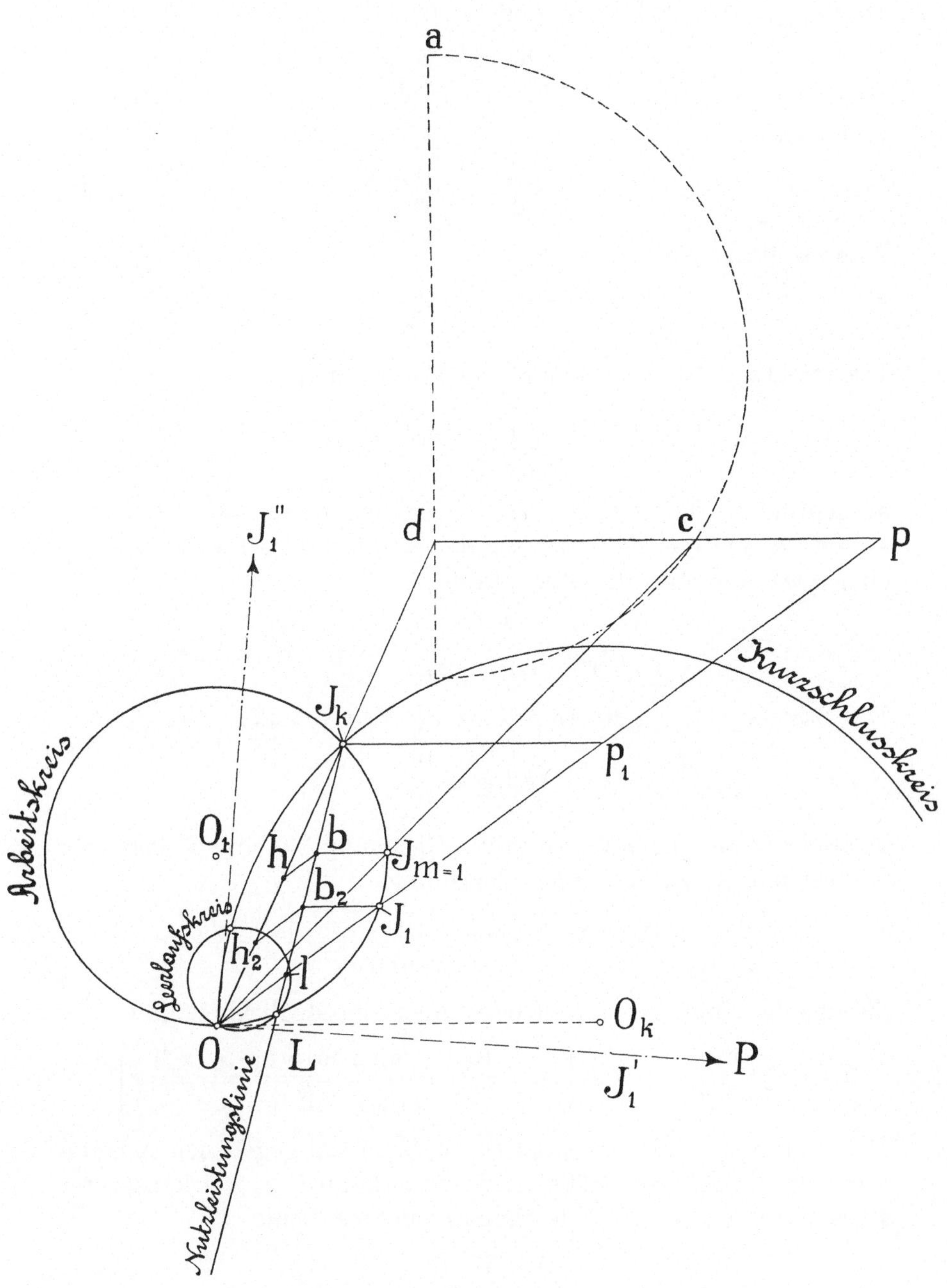

Abb. 18.

Da $b_2 h_2$ parallel $O\,l$ ist, so finden wir, daß

$$\frac{l\,b_2}{l\,J_k} = \frac{O\,h_2}{O\,J_k}$$

und folglich ist

$$\frac{J_1\,b_2}{p\,d} = \frac{O\,h_2}{O\,d} \qquad \ldots \ldots \ldots \quad 19)$$

Nun ist nach Gleichung 19.

$$J_1\,b_2 = \frac{W_2}{P\,.\,K_2}$$

Die Strecke $p\,d$ wird in komplexer Form durch

$$j\,m\,.\,\frac{\overline{z_0{}^2}}{z_0 + z_2}\,\sin\beta\,\cos\beta$$

ausgedrückt. Da hier nur die Größe dieser Strecke in Betracht kommt, so muß in die Gleichung der Modul des letzten Ausdruckes eingesetzt werden; derselbe gleicht

$$p\,d = m\,.\,\frac{r_0{}^2 + x_0{}^2}{\sqrt{(r_0 + r_2)^2 + (x_0 + x_2)^2}}\,\sin\beta\,\cos\beta.$$

Die Strecke $O\,d$ ist die Impedanz bei Kurzschluß:

$$O\,d = \frac{P}{J_k}.$$

Führen wir alle diese Werte in die Gleichung 19) ein, so gelangen wir schließlich zu folgender Beziehung:

$$\frac{W_2\,.\,\sqrt{(r_0 + r_2)^2 + (x_0 + x_2)^2}}{P\,.\,K_2\,.\,m\,.\,(r_0{}^2 + x_0{}^2)\,\sin\beta\,\cos\beta} = \frac{O\,h_2\,.\,J_k}{P},$$

die uns das Drehmoment zu bestimmen die Möglichkeit gibt:

$$D = \frac{W_2}{2\,\pi\,c\,m} = O\,h_2\left[J_k\,.\,\frac{K_2}{2\,\pi\,c}\,.\,\frac{\sin\beta\,\cos\beta\,(r_0{}^2 + x_0{}^2)}{\sqrt{(r_0 + r_2)^2 + (x_0 + x_2)^2}}\right].$$

Der Ausdruck in den Klammern ist für einen gegebenen Arbeitskreis eine konstante Größe, und somit kann $O\,h_2$ bei konstanter Bürstenstellung als Maß des Drehmomentes dienen:

$$D = K\,.\,O\,h_2.$$

Bei Stillstand des Motors fällt der Punkt h_2 mit J_k zusammen, folglich erhält man für das Anzugsmoment:

$$D_k = J_k{}^2 \, \frac{K_2}{2 \, \pi \, c} \cdot \frac{\sin \beta \cos \beta \, (r_0{}^2 + x_0{}^2)}{\sqrt{(r_0 + r_2)^2 + (x_0 + x_2)^2}} \cdot$$

Anderseits hatten wir nach Gleichung 16):

$$D_k = J_k{}^2 \, \frac{(x_0 + x_2) \, (r_0{}^2 + x_0{}^2) \, \sin \beta \cos \beta}{[2 \, \pi \, c \, (r_0 + r_2)^2 + (x_0 + x_2)^2]}$$

und hieraus läßt sich die oben angeführte Größe für den konstanten Faktor K_2 berechnen:

$$K_2 = \frac{x_0 + x_2)}{\sqrt{(r_0 + r_2)^2 + (x_0 + x_2)^2}} = \sin \vartheta.$$

Der Maßstab für das Drehmoment wird am einfachsten dadurch gefunden, daß die Nutzleistung für irgend eine Tourenzahl, zum Beispiel für die synchrone, aus dem Diagramm abgelesen

$$W_{2(m = 1)} = J_{m = 1} \, b \cdot P \cdot \sin \vartheta$$

und durch die Winkelgeschwindigkeit dividiert wird. Die entsprechende Strecke O h muß dann

$$O \, h = \frac{P \cdot \sin \vartheta \cdot J_{m = 1} \, h_1}{2 \, \pi \, c}$$

gleich sein. Auf diese Weise wird der Maßstab für die Strecken der Drehmomente O h, O h_2, O J_k usw. berechnet.

B. 1. Die Derische Schaltung.

Die Derische Schaltung (Abb. 19) unterscheidet sich von der Thomsonschen dadurch, daß auf dem Rotorkollektor nicht zwei, sondern vier Bürsten aufliegen, von denen zwei in der Richtung des vom Primärstrome erzeugten Feldes unbeweglich angeordnet sind, die anderen zwei diametralen Bürsten sind hingegen beweglich, und je eine bewegliche und unbewegliche Bürste sind miteinander verbunden, so daß im Rotor zwei kurzgeschlossene Kreise a A b_1, und a_1 b B vorhanden sind; im Kreise a b a_1 b_1 wirken gleiche und entgegengesetzte E.M.Kräfte, so daß dieser Kreis stromlos bleibt.

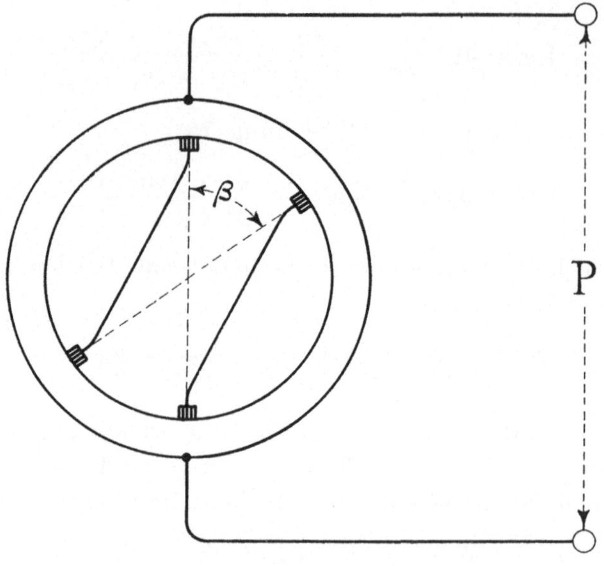

Abb. 19.

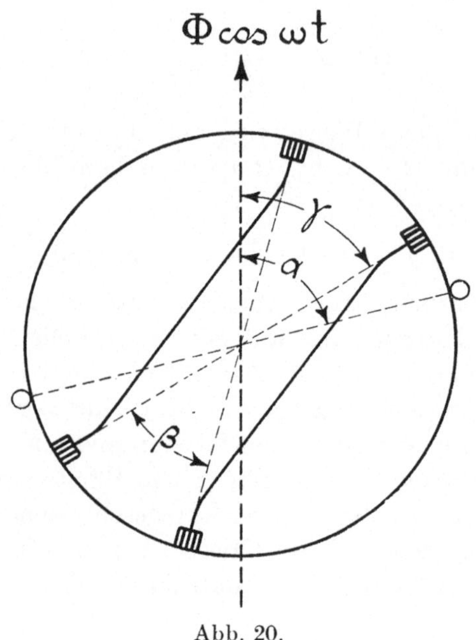

Abb. 20.

2. Induktion der E.M.Kräfte.

Unter denselben wie für die Thomsonsche Schaltung gemachten Voraussetzungen induziert irgend ein Feld $\Phi \cos \omega t$, deren Richtung mit der Verbindungslinie der beweglichen Bürsten den Winkel γ bildet, die E.M.Kraft   (Siehe Abb. 20)

$$e = \frac{w}{\pi} \int_{\gamma}^{\gamma + \pi - \beta} (2 \pi c \, \Phi \sin \alpha \sin \omega t - 2 \pi c \, m \, \Phi \cos \alpha \cos \omega t) \, d \alpha$$

$$= 2 c \, w \, \Phi \sin \omega t \, [\cos \gamma - \cos (\gamma - \beta)] + 2 m c \, w \, \Phi \, [\sin \gamma + \sin (\gamma - \beta)]$$

$$e = 4 c \, w \cos \left(\gamma - \frac{\beta}{2}\right) \cos \frac{\beta}{2} \, \Phi \sin \omega t +$$

$$+ 4 m c \, w \sin \left(\gamma - \frac{\beta}{2}\right) \cos \frac{\beta}{2} \, \Phi \cos \omega t.$$

Die E.M.Kraft kann ersetzt werden durch zwei E.M.Kräfte: der Pulsation E_p und der Rotation E_r:

$$e_p = 4 c \, w \cos \left(\gamma - \frac{\beta}{2}\right) \cos \frac{\beta}{2} \, \Phi \sin \omega t$$

$$e_r = 4 m c \, w \sin \left(\gamma - \frac{\beta}{2}\right) \cos \frac{\beta}{2} \, \Phi \cos \omega t.$$

Da E_r mit dem Felde in Phase ist, E_p hingegen um 90^0 hinter dem Felde zurückbleibt, so besteht zwischen den effektiven Werten dieser E.M.Kräfte folgende Beziehung:

$$\overline{E}_r = - j \, m \, \mathrm{tg} \left(\gamma - \frac{\beta}{2}\right) \overline{E}_p \quad . \quad . \quad . \quad . \quad 5 \, a)$$

3. Grundgleichung des Repulsionsmotors bei der Derischen Schaltung.

Wir bezeichnen die Felder wiederum mit Φ_I und Φ_{II}. Das Längsfeld Φ_I induziert im Statorkreis die Gegen-E.M.Kraft E_1, die der Größe und Richtung

$$4 c \, w \, \Phi \sin \omega t$$

gleich ist.

Die konstante primäre Klemmenspannung P gleicht

$$P = \overline{J} \, \overline{z}_1 + (- \overline{E}_1) \quad . \quad . \quad . \quad . \quad . \quad . \quad 6 \, a)$$

Da das Längsfeld mit der Richtung der unbeweglichen Bürsten zusammenfällt ($\gamma = \beta$), so ist die durch Pulsation des Längsfeldes im Rotor induzierte E.M.Kraft:

$$e_{\mathrm{I}\,p} = 4\,c\,w\,\Phi\,\sin\omega\,t\,\cos^2\frac{\beta}{2}$$

oder

$$\overline{E}_{\mathrm{I}\,p} = \overline{E}_1\cos^2\frac{\beta}{2}$$

und die durch Rotation im Längsfelde induzierte E.M.Kraft ist:

$$\overline{E}_{\mathrm{I}\,r} = -\,j\,m\,.\,\operatorname{tg}\frac{\beta}{2}\,.\,\overline{E}_{\mathrm{I}\,p} = -\,j\,m\,.\,\sin\frac{\beta}{2}\cos\frac{\beta}{2}\,\overline{E}_{\mathrm{I}\,p}.$$

Die Rotorwicklung kann entsprechend der Stellung der beweglichen Bürsten (unter dem Winkel β) durch zwei gleichmäßig verteilte Wicklungen ersetzt werden: die eine sogenannte Transformatorwicklung hat $w\cos^2\dfrac{\beta}{2}$ Windungen, deren mittlere Achse mit der Achse der mittleren Statorwindung zusammenfällt, die andere sogenannte Quer- oder Erregerwicklung besitzt $w\cos\dfrac{\beta}{2}\sin\dfrac{\beta}{2}$ Windungen, deren mittlere Windungsachse senkrecht zur Richtung des Längsfeldes Φ_{I} steht. Das Längsfeld wird durch die Amperewindungen des Stators und der Transformatorwicklung hervorgerufen. Bezeichnen wir wiederum mit

$$\overline{z}_0 = r_0 - j\,x_0$$

die Erregerimpedanz, so ist unter Berücksichtigung des Übersetzungsverhältnisses $\cos^2\dfrac{\beta}{2}$:

$$-\,\overline{E}_1 = \left(\overline{J}_1 + \overline{J}_2\cos^2\frac{\beta}{2}\right)\overline{z}_0 \quad . \quad . \quad . \quad . \quad 8\,\text{a})$$

Das Querfeld Φ_{II} kommt durch die Erregerwicklung zustande; da dieselbe aus $w\sin\dfrac{\beta}{2}\cos\dfrac{\beta}{2}$ Windungen besteht, so ist die entsprechende Erregungsimpedanz:

$$\overline{z}_0\sin^2\frac{\beta}{2}\cos^2\frac{\beta}{2}$$

und die durch das Querfeld induzierte Gegen-E.M.Kraft der Pulsation:

$$\overline{E}_{II\,p} = - \overline{J}_2\,\overline{z}_0\,\sin^2\frac{\beta}{2}\,\cos^2\frac{\beta}{2}\,.$$

Das Querfeld Φ_{II} bildet mit der Richtung der beweglichen Bürsten den Winkel

$$\gamma = -(90-\beta) = \beta - 90,$$

folglich ist die durch das Querfeld bedingte E.M.Kraft der Rotation:

$$\overline{E}_{II\,r} = - j\,m\,\operatorname{tg}\left(\beta - 90 - \frac{\beta}{2}\right)\overline{E}_{II\,p} = - j\,m\,\overline{J}_2\,\overline{z}_0\,\sin\frac{\beta}{2}\,\cos^3\frac{\beta}{2}\,.$$

Zu diesen E.M.Kräften ist noch der sekundäre Spannungsabfall hinzuzufügen. Der Widerstand des Rotorkreises hängt von der Größe des Winkels β ab:

$$r_{2\beta} = r_2\left(1 - \frac{\beta}{\pi}\right).$$

Der Fehler ist nicht groß, wenn die Abhängigkeit vom Winkel β durch folgende Gleichung dargestellt wird:

$$r_{2\beta} = r_2\,\cos^2\frac{\beta}{2}\,.$$

Durch eine ähnliche Formel kann annäherungsweise auch die variable Streureaktanz ausgedrückt werden:

$$x_{2\beta} = x_2\,\cos^2\frac{\beta}{2}$$

und somit erhalten wir für den sekundären Spannungsabfall den Ausdruck

$$\overline{J}_2\,\overline{z}_2\,\cos^2\frac{\beta}{2}$$

wobei $\overline{z}_2 = r_2 - j\,x_2$ die maximale Impedanz des Rotorkreises ist (d. h. wenn $\beta = 0$). Wenn wir nun den Zusammenhang zwischen der wirkenden E.M.Kraft $\overline{E}_1\cos^2\frac{\beta}{2}$ und deren Komponenten zusammenstellen, so haben wir:

$$\overline{E}_1\cos^2\frac{\beta}{2} = - \overline{E}_{I\,r} - \overline{E}_{II\,r} - \overline{E}_{II\,p} + \overline{J}_2\,\overline{z}_2\,\cos^2\frac{\beta}{2}$$

oder

$$\overline{E}_1\left(\cos\frac{\beta}{2} - j\,m\,\sin\frac{\beta}{2}\right) =$$

$$= \overline{J}_2\left(\overline{z}_0\,\sin^2\frac{\beta}{2}\cos\frac{\beta}{2} + j\,m\,z_0\,\sin\frac{\beta}{2}\cos^2\frac{\beta}{2} + \overline{z}_2\cos\frac{\beta}{2}\right)\quad .\quad 9\,\text{a})$$

Unter Zuhilfenahme der Gleichungen 8 a) und 9 a) kann E_1 ausgeschlossen und das Verhältnis zwischen $\overline{J}_1$ und $\overline{J}_2$ gefunden werden

$$\overline{J}_2\cos^2\frac{\beta}{2} = -\overline{J}_1\cdot\frac{\overline{z}_0}{\overline{z}_0 + \overline{z}_2}\left(\cos^2\frac{\beta}{2} - j\,m\,\sin\frac{\beta}{2}\cos\frac{\beta}{2}\right)\quad .\quad 10\,\text{a})$$

Wenn wir den Ausdruck für $\overline{J}_2\cos^2\dfrac{\beta}{2}$ in die Gleichung 8 a) einführen, so ist

$$-\overline{E}_1 = \overline{J}_1\left(\frac{\overline{z}_0\,\overline{z}_2}{\overline{z}_0 + \overline{z}_2} + \frac{\overline{z}_0{}^2}{\overline{z}_0 + \overline{z}_2}\sin^2\frac{\beta}{2} + j\,m\,\frac{\overline{z}_0{}^2}{\overline{z}_0 + \overline{z}_2}\sin\frac{\beta}{2}\cos\frac{\beta}{2}\right)$$

und zwischen der primären Klemmenspannung und dem Primärstrom besteht folgende Beziehung:

$$P = \overline{J}_1\overline{z}_1 - \overline{E}_1 = \overline{J}_1\left[\frac{\overline{z}_0\,\overline{z}_1 + \overline{z}_1\,\overline{z}_2 + \overline{z}_2\,\overline{z}_0}{\overline{z}_0 + \overline{z}_2} + \frac{\overline{z}_0{}^2}{\overline{z}_0 + \overline{z}_2}\sin^2\frac{\beta}{2} + \right.$$

$$\left. + j\,m\,\frac{\overline{z}_0{}^2}{\overline{z}_0 + \overline{z}_2}\sin\frac{\beta}{2}\cos\frac{\beta}{2}\right]\quad .\quad .\quad .\quad .\quad 12\,\text{a})$$

4., 5., 6. und 7. Kreisdiagramm. Kurzschlußkreis, Konstruktion des Arbeitskreises und Tourenzahl.

Der Vergleich der letzten Gleichung mit der Grundgleichung für die Thomsonsche Schaltung führt zu dem Schlusse, daß die Grundgleichungen für beide Schaltungen vollkommen identisch sind, wenn anstatt β für die Derische Schaltung $\dfrac{\beta}{2}$ eingeführt wird.

Folglich hat ein und dasselbe Kreisdiagramm wie für die Thomsonsche, so auch für die Derische Schaltung Geltung. Desgleichen erhalten wir ein und denselben Kurzschlußkreis für beide Schaltungen. Auf gleiche Weise werden die Arbeitskreise konstruiert, nur muß für die Derische Schaltung der halbe Verschiebungswinkel der beweglichen Bürsten im Punkte a gezogen werden (Abb. 14). Auch die Tourenzahl wird für beide Schaltungen in gleicher Weise aus dem Diagramm ermittelt.

8. Analytischer Ausdruck für das Drehmoment.

Die Wattkomponente der wirkenden E.M.Kraft $\overline{E_1} \cos^2 \dfrac{\beta}{2}$ im Rotorkreise, d. h. die Projektion dieser E.M.Kraft auf die Richtung des Rotorstromes, läßt sich aus der Gleichung 9 a) berechnen, indem wir ein Koordinatensystem wählen, dessen Achse der reellen Werte mit der Richtung der sekundären Stromstärke zusammenfalle.

$$(E_1' + j\,E_1'') \left[\cos \frac{\beta}{2} - j\,m \sin \frac{\beta}{2} \right] =$$

$$J_2 \left\{ (r_0 - j\,x_0) \left[\sin^2 \frac{\beta}{2} \cos \frac{\beta}{2} + j\,m \sin \frac{\beta}{2} \cos^2 \frac{\beta}{2} \right] + (r_2 - j\,x_2 \cos \frac{\beta}{2}) \right\}.$$

Nach Zerlegung dieser Gleichung in zwei Gleichungen erhalten wir für die Wattkomponente der im Rotorkreise wirkenden E.M.Kraft:

$$E_1' \cos^2 \frac{\beta}{2} =$$

$$J_2 \frac{r_0 \sin^2 \frac{\beta}{2} \cos^4 \frac{\beta}{2} + r_2 \cos^4 \frac{\beta}{2} + m(x_0 + x_2)\sin \frac{\beta}{2}\cos^3 \frac{\beta}{2} - m^2 r_0 \sin^2 \frac{\beta}{2}\cos^4 \frac{\beta}{2}}{\cos^2 \frac{\beta}{2} + m^2 \sin^2 \frac{\beta}{2}}.$$

Die Multiplikation beider Teile mit J_2 ergibt die dem Rotorkreise übertragene Leistung. Nach Abzug der Verluste im Rotorkreise:

$$J_2^2 \left(r_2 \cos^2 \frac{\beta}{2} + r_0 \sin^2 \frac{\beta}{2} \cos^2 \frac{\beta}{2} \right)$$

erhält man die Nutzleistung:

$$W_2 = J_2^2\, m \sin \frac{\beta}{2} \cos \frac{\beta}{2} \frac{(x_0 + x_2) \cos^2 \frac{\beta}{2} - m\,(r_0 + r_2) \sin \frac{\beta}{2} \cos \frac{\beta}{2}}{\cos^2 \frac{\beta}{2} + m^2 \sin^2 \frac{\beta}{2}}.$$

Der Ausdruck für das Drehmoment ergibt sich, wenn man beide Teile mit der Winkelgeschwindigkeit $2\,\pi\,c\,m$ dividiert:

$$D = J_2{}^2 \frac{\sin \frac{\beta}{2} \cos \frac{\beta}{2} (x_0 + x_2) - m (r_0 + r_2) \operatorname{tg} \frac{\beta}{2}}{2 \pi c \quad \cdot \quad 1 + m^2 \operatorname{tg}^2 \frac{\beta}{2}} . \qquad 14\,a)$$

Wird m gleich Null gesetzt, so erhält man das Anzugsdrehmoment:

$$D_k = J_2{}^2 \frac{\sin \frac{\beta}{2} \cos \frac{\beta}{2} (x_0 + x_2)}{2 \pi c} .$$

Der Zusammenhang zwischen primärer und sekundärer Stromstärke bei Stillstand eines Motors ergibt sich aus Gleichung 10 a):

$$\overline{J_2} = - \overline{J_k} \frac{\overline{z_0}}{\overline{z_0 + z_2}}$$

Daraus folgt, daß

$$J_2{}^2 = J_k{}^2 \frac{r_0{}^2 + x_0{}^2}{(r_0 + r_2)^2 + (x_0 + x_2)^2}$$

und wir erhalten für das Anzugsdrehmoment einen Ausdruck:

$$D_k = J_k{}^2 \frac{(x_0 + x_2)(r_0{}^2 + x_0{}^2)}{2 \pi c \left[(r_0 + r_2)^2 + (x_0 + x_2)^2 \right]} \sin \frac{\beta}{2} \cos \frac{\beta}{2} . \qquad 16\,a)$$

der sich von demjenigen bei der Thomsonschen Schaltung (16) nur dadurch unterscheidet, daß anstatt β der halbe Bürstenwinkel eingeführt ist.

9. Leerlaufskreis.

Bei Leerlauf ist das Drehmoment gleich Null. Aus Gleichung 14 a) ergibt sich für diesen Fall:

$$(x_0 + x_2) - m_0 (r_0 + r_2) \operatorname{tg} \frac{\beta}{2} = 0$$

oder

$$m_0 = \frac{x_0 + x_2}{r_0 + r_2} \cdot \frac{1}{\operatorname{tg} \frac{\beta}{2}} = \frac{\operatorname{tg} \vartheta}{\operatorname{tg} \frac{\beta}{2}}$$

Also auch für den Leerlauf wird die Tourenzahl für beide Schaltungen auf gleiche Weise ermittelt. Daraus folgt, daß der Leerlaufskreis derselbe ist wie für die Thomsonsche, so auch für die Derische Schaltung.

10. und 11. Nutzleistung und Drehmoment.

Auf ähnliche Weise wie für die Thomsonsche Schaltung kann für die Derische Schaltung bewiesen werden, daß die Nutzleistung durch dasselbe Polynom erster Potenzen der Watt- und wattlosen Komponenten der primären Stromstärke ausgedrückt werden kann:

$$W_2 = P\,(A_2\,J_1' + B_2\,J_1'' + C_2).$$

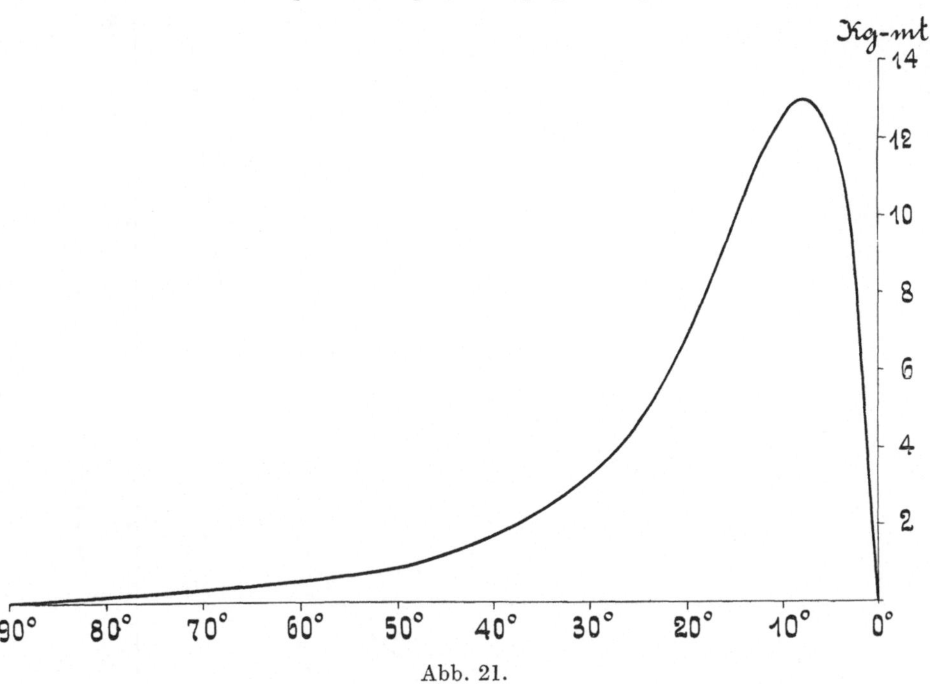

Abb. 21.

Infolgedessen kann die Nutzleistung im selben Maßstab wie für die Thomsonsche Schaltung aus dem Diagramm (Abb. 17) durch die Strecke $J_1\,b_2$ abgelesen werden:

$$W_2 = P\,.\,K_2\,J_1\,b_2.$$

Auch das Drehmoment für die Derische Schaltung wird aus dem Diagramm durch dieselbe Konstruktion wie für die Thomsonsche Schaltung ermittelt (Abb. 18):

$$D = O\,h_2\left[\,J_k\,\frac{K_2}{2\,\pi\,c}\,\frac{\sin\dfrac{\beta}{2}\cos\dfrac{\beta}{2}\,(r_0{}^2 + x_0{}^2)}{\sqrt{(r_0 + r_2)^2 + (x_0 + x_2)^2}}\,\right]$$

$$D = K\,.\,O\,h_2$$

K.   5

Somit ist bewiesen worden, daß ein und dieselben Diagramme zur Darstellung des Arbeitsprozesses für beide Schaltungen dienen.

Der Unterschied der beiden Schaltungen liegt, wie bekannt, darin, daß die Derische Schaltung eine feinere Tourenregulierung gestattet. Außerdem sind die Kommutierungsverhältnisse bei der Derischen Schaltung etwas günstiger.

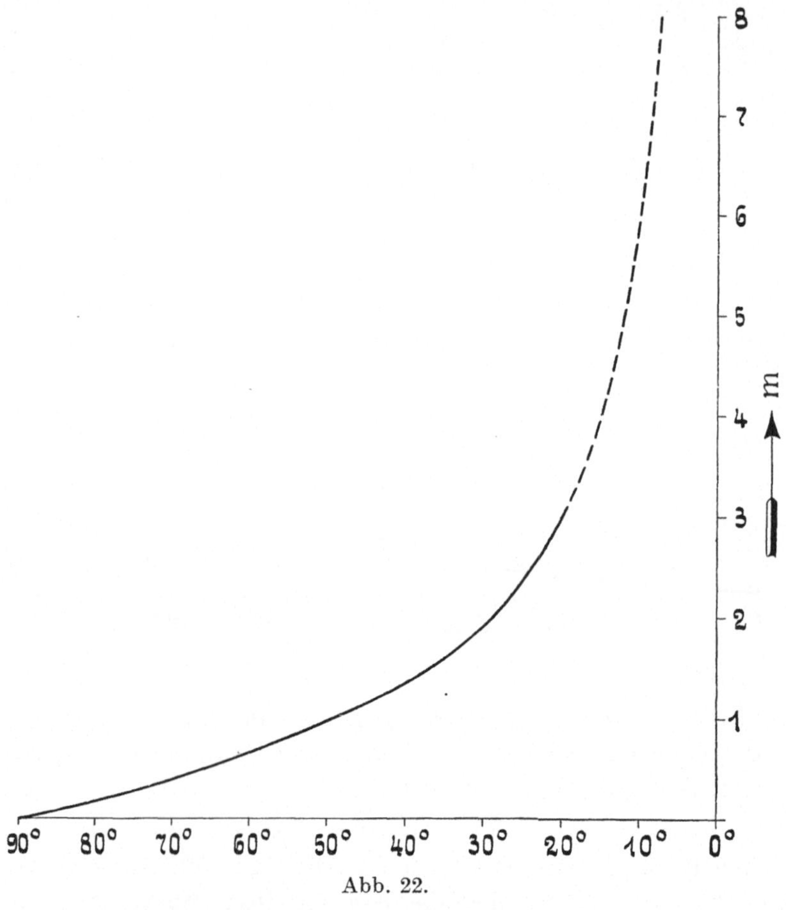

Abb. 22.

Anwendung der Diagramme.

Mit Hilfe der oben angeführten Diagramme sind einige charakteristische Kurven ermittelt worden, die die Arbeitsweise des Repulsionsmotors erläutern. Die entsprechenden Daten sind einem vierpoligen Repulsionsmotor der Firma Brown Boveri & Co.

von 4 HP bei 1250 Touren pro Minute bei 120 Volt und 50 Perioden entnommen worden. Abb. 21 zeigt, wie sich das Anzugsdrehmoment mit der Bürstenstellung ändert. Werden die Bürsten von $\beta = 90^0$ bis $\beta = 0^0$ verschoben, so wächst das Drehmoment von O langsam ansteigend, erreicht sein Maximum ungefähr bei 10 Grad und fällt dann wieder, indem es bei $\beta = 0$ den Wert Null erreicht. Aus Abb. 22 ist die Abhängigkeit der Tourenzahl bei Leerlauf von der Bürstenstellung zu ersehen. Die Kurve ist eine Tangensoide.

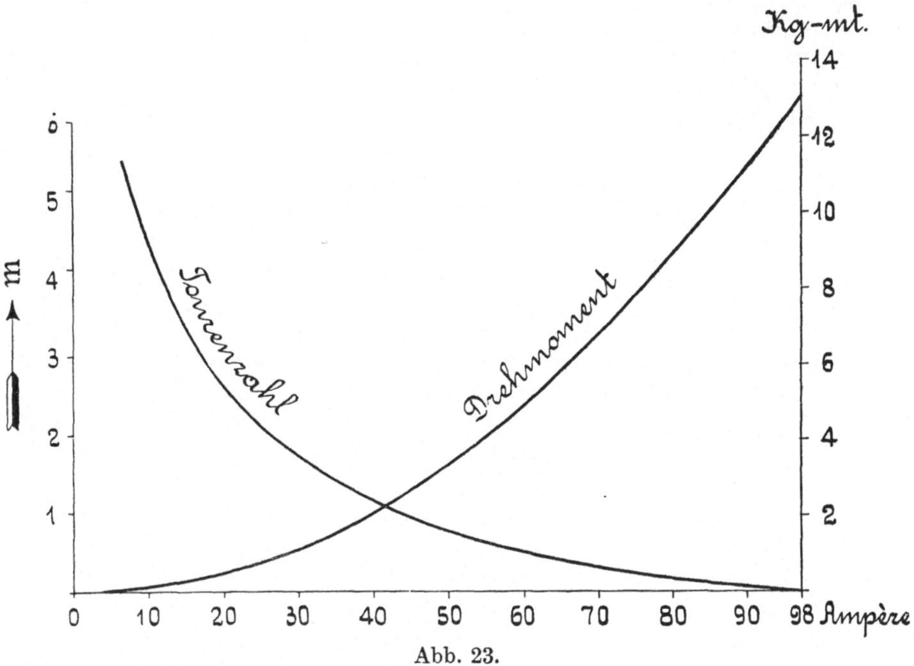

Abb. 23.

Bei Veränderung des Bürstenwinkels von $\beta = 90$ bis $\beta = 0$, steigt die Tourenzahl bei Leerlauf erst langsam und dann sehr steil an. Abb. 23 läßt bei dem Repulsionsmotor den Charakter eines Serienmotors leicht erkennen. Ähnlich wie beim Serienmotor, wächst auch beim Repulsionsmotor ($\beta = $ Const.) das Drehmoment ungefähr proportional dem Quadrate der Stromstärke, wobei die Tourenzahl mit wachsendem Drehmomente sinkt.

Abb. 24 erlaubt, die Arbeitsweise der Repulsionsmaschine bei konstanter Bürstenstellung ($\beta = 10^0$) als Motor und als Gene-

5*

rator zu verfolgen. Im Gegensatz zu den asynchronen Maschinen, bei denen sich der Übergang vom Motor zum Generator bei übersynchroner Tourenzahl vollzieht, muß man bei der Repulsionsmaschine über den Stillstand bzw. Kurzschluß herüber, d. h. der

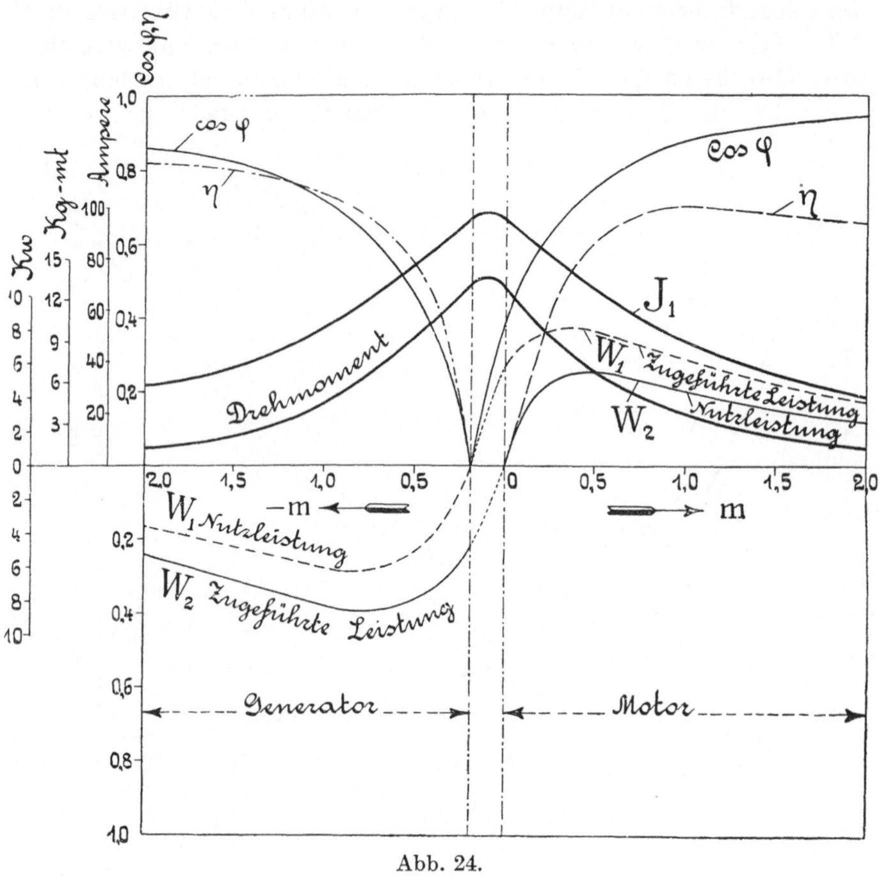

Abb. 24.

an das Netz angeschlossene Motor muß, um Energie an das Netz abzugeben, in e n t g e g e n g e s e t z t e r Richtung durch eine äußere Kraft gedreht werden.

Zusammenfassung.

Unter Verwendung des analytischen Verfahrens, bei Zuhilfenahme der komplexen Ausdrucksweise, werden die Kreisdiagramme für die Haupttypen der Induktionsmotoren bewiesen.

Für den mehrphasigen Asynchronmotor werden unter Benutzung der Gleichung des Diagrammkreises die durch das Drehfeld übertragene Leistung, bzw. das Drehmoment ebenso wie die Nutzleistung, durch Polynome erster Potenzen der Watt- und wattlosen Komponenten des Primärstromes ausgedrückt und können folglich durch gerade Strecken zwischen dem Vektorende des Primärstromes und den sogenannten Leistungslinien entsprechend den verschiedenen Schlüpfungen dargestellt werden. Es gelingt auf analytischem Wege die Maßstäbe dieser Strecken genau festzulegen.

Für den einphasigen Asynchronmotor wird das Kreisdiagramm unter Zuhilfenahme der Drehfeldtheorie bewiesen und die Voraussetzungen klargelegt, unter denen das für den mehrphasigen Asynchronmotor gültige Kreisdiagramm auf den einphasigen Asynchronmotor angewandt werden kann.

Das Kreisdiagramm für den einphasigen Repulsionsmotor wird mit Hilfe der Querfelder abgeleitet. Es wird gezeigt, daß bei Vernachlässigung der Bürstenkurzschlußströme der Diagrammkreis für eine beliebige Bürstenstellung auf Grund zweier Versuche: des Leerlaufsversuches bei aufgehobenen Bürsten und des Kurzschlußversuches bei maximaler Stromstärke im Rotorkreise, konstruiert werden kann, und daß die Nutzleistung, das Drehmoment und die Tourenzahl durch gerade Strecken in bestimmten Maßstäben direkt aus dem Diagramm für verschiedene Betriebszustände abgelesen werden können. Es wird bewiesen, daß für die Thomsonsche und Derische Schaltung ein und dasselbe Diagramm Anwendung findet. Ferner wird die Arbeitsweise der Repulsionsmaschine an Hand obiger Ausführungen durch Diagramme erläutert.

Lebenslauf.

Verfasser wurde am 24. Juni 1873 bei Nemirow in Südrußland geboren. Nach Absolvierung des IV. Moskauer Klassischen Gymnasiums bezog er die Kaiserlich Technische Hochschule zu Moskau, wo er 1898 den Grad eines Maschinenbau-Ingenieurs erwarb. 1898—1900 studierte er an den Technischen Hochschulen zu Charlottenburg und Darmstadt. An der letzten Hochschule wurde ihm nach vorhergegangener Prüfung das Diplom eines Elektro-Ingenieurs erteilt. Seit 1900 ist er als Dozent an der Kaiserlich Technischen Hochschule zu Moskau tätig.